图说经典百科

图说神奇地球

《图说经典百科》编委会 编著

彩色图鉴

南海出版公司

图书在版编目（CIP）数据

图说神奇地球 / 《图说经典百科》编委会编著．--
海口 ：南海出版公司，2015.9（2022.3重印）
ISBN 978-7-5442-7978-9

Ⅰ．①图… Ⅱ．①图… Ⅲ．①地球－青少年读物
Ⅳ．①P183-49

中国版本图书馆CIP数据核字（2015）第205037号

TUSHUO SHENQI DIQIU
图说神奇地球

编　　著	《图说经典百科》编委会
责任编辑	张爱国　陈琦
出版发行	南海出版公司　电话：（0898）66568511（出版） （0898）65350227（发行）
社　　址	海南省海口市海秀中路51号星华大厦五楼　　邮编：570206
电子信箱	nhpublishing@163.com
经　　销	新华书店
印　　刷	北京兴星伟业印刷有限公司
开　　本	787毫米×1092毫米　1/16
印　　张	7
字　　数	70千
版　　次	2015年12月第1版　　2022年3月第2次印刷
书　　号	ISBN 978-7-5442-7978-9
定　　价	36.00元

前言 Preface

地球自诞生之日起，就隐藏了太多的奥秘，在时间与空间的不断变换中，她一直给人以无限的遐想。

无论是浩瀚无垠的宇宙、蔚蓝的海洋、变化万千的气候，还是奇趣盎然的动物、生机勃勃的植物，一切都显得那么神奇与美好。在“地球母亲”的怀抱里，我们同万物一样，享受着自然的恩赐。

随着现代科技的不断进步，人类已经证明地球是一颗46亿岁的老行星，它起源于原始太阳星云。然而，更多关于地球的奥秘，还等待人们去发掘，去证实。成长，是一个过程，我们的脚步应该向前，我们的思想应该插上翅膀，在充满幻想的青春世界里尽情地奔跑、翱翔，就像人类从未停下探索的脚步，一直坚持不懈，勇往直前。

地球诞生之初是什么样子？幽蓝诡异的大洋之底究竟隐藏着一个怎样的世界？当你面对着美丽壮阔的自然奇景，当你置身于恢宏怪秘的山海奇观中，你是否会感叹地球母亲那博大的胸怀？

本书在科学事实的基础上，带你去“揭开地球独特构造的神秘面纱”，去领略“令人困惑的自然异景”和“人‘神’莫辨的山海奇观”，去探索“深不可测的大洋之底”。在地球“疯狂的气象”面前，在“火山和冰川——地球那忽冷忽热的‘坏脾气’”面前，你还能镇定自若吗？假如在“奇幻沙漠”中，你偶遇了某些“游走在荒野中的神秘动物”，你会不会感到惊讶万分？本书将为你一一解答。

在这个生机勃勃、奇趣变幻、具有无限魅力的科学世界里，在这个广阔的知识海洋里，蕴藏着无穷的宝藏。让我们放下沉甸甸的书包，以最轻松的姿态来阅读这个世界。透过图书让视野扩容，在这里，每一朵洁白的浪花背后都有七彩的景象。美丽的地球正在打开广阔的大门，让我们一起去探索那些无穷的奥秘吧！

目录 Contents

地球档案——揭开地球独特构造的神秘面纱

怪秘地带——令人困惑的自然异景之谜

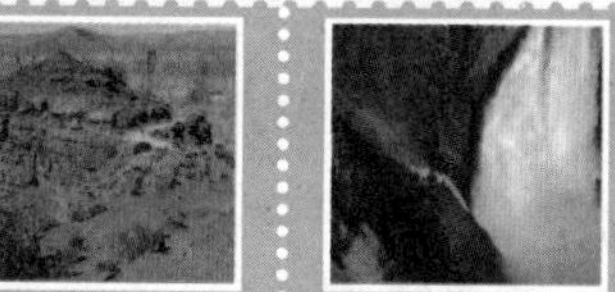

Ch3 28 山野之秘——人“神”莫辨的山海异形

Ch4 47 深海真貌——深不可测的大洋之谜

目录 Contents

Ch7 80 趣味植物——鲜为人知的秘密生活

Ch8 87 火山和冰川——地球忽冷忽热的“坏脾气”

目录 Contents

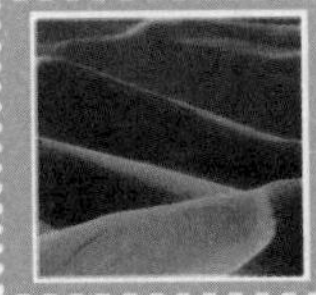

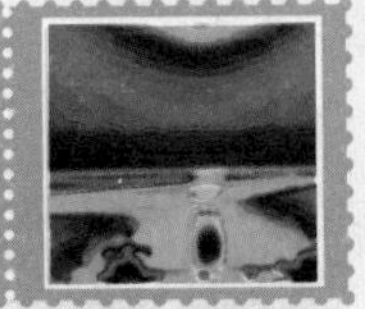

第一章　地球档案

——揭开地球独特构造的神秘面纱

地球这颗有着广阔天空和蓝色海洋的行星始终给人以坚实巨大的感觉。而在宇宙中，地球给人的印象却并非如此：这个在一层薄薄而脆弱的大气笼罩下的星球并不见得有多大。在太空中，地球的特征是明显的：漆黑的太空、蓝色的海洋、棕绿色的大块陆地和白色的云层。

大自然鬼斧神工的产物
——探究地球诞生之谜

地球是我们共同生活的美好家园，也是人类千百年来不断研究的对象。关于地球的起源和发展过程，至今仍然笼罩在重重的谜团之中。地球真是“上帝创造”的吗？还是形成于太空星云？

上帝创造了地球吗

早在远古时代，人类就对地球充满了好奇。那时的人们认为，大自然里存在的一切都是由上天创造的，一切都是与生俱来的。在西方，基督教所尊崇的“上帝创世说”曾经长期占据统治地位。我国古代也有盘古开天辟地的传说。虽然这些都是唯心论的说法，但是人类长期以来深受它们的影响。

科学家们的星云假说

1513年，波兰天文学家哥白尼提出了日心说，此后人们才开始科学地探索地球的起源问题。德国哲学家康德在1755年提出了星云说，认为宇宙中存在着原始的、分散的物质微粒，这些微粒

尼古拉·哥白尼1473年出生于波兰。40岁时，哥白尼提出了日心说↓

绕中心旋转，并逐渐向一个平面集中，最后中心物质形成太阳，赤道平面上的物质则形成了包括地球在内的行星和其他小天体。1796年，法国天文学家拉普拉斯提出了另一种星云假说，认为包括地球在内的行星是由围绕自己的轴旋转的气体状星云形成的。由于二者的学说基本一致，所以被后人称为康德—拉普拉斯学说。19世纪，这种学说在天文学中一直占据统治地位。

万有引力定律的神奇作用

被太阳核燃烧产生的各种元素，被太阳抛到太空中，成为稀薄、寒冷的星云；万有引力作用下，这些稀薄的星云开始收缩成类球状；星云球体自我压缩，产生巨大的热能，形成高温气液混合体，防止万有引力引发球体进一步塌陷成黑洞，这个阶段与中学时代的气体状态方程挂上了钩；高温压缩星云球体，外表向太空释放热能冷却，凝固结晶成地表岩浆岩；由于地表岩浆岩较薄，冷却后体积收缩，形成当初大块龟裂纹，即通常所说的断层；又由于当初最早断层的存在，岩浆在内部高温高压下形成火山喷发景观，并侵入龟裂纹进行地表板块间重新缝合及造山运动。

形象地说：行星形成后，地壳如同蛋壳一样，保护内部的岩浆热能不至于很快向太空散发，而内部的岩浆又如同孙猴子跑到妖怪的肚子里，用棍子东捅捅、西捅捅，时间越长，猴子也慢慢累了（能量消耗多了），东捅捅、西捅捅的时间间隔长了、次数少了，即火山频发慢慢过渡到现在的偶发，造山运动次级低了、强度低了。

岩浆喷发携带的气体形成大气层与海洋液态水，由于地球与太阳距离适中，光照作用不至于把地球上的水、大气蒸发到太空及让大气、水的温度太低而固态化。

地球的自旋运动，让地球不同区域的液态水，日出蒸发，日落向外太空释放热能凝絮降雨，形成地球各种各样的气候景观与剥蚀夷平高山，填平湖泊自然景观。

也由于地球的气候变化诱导风云变幻，形成地质沉积层，风化地表基岩为土壤。

还有大气层、臭氧层的产生与保护地球，都与自然光照强度之间存在着动态平衡与协调。

总之，地球上各种景观，都是大自然的杰作。

地球诞生之初

——从“地狱”到“天堂”

刚刚诞生的地球就像一座毫无生机的“地狱”，不断遭遇巨型小行星或彗星的冲撞，火山将大量有毒的气体喷进地球的原始大气层。然而，地球最终却变成了生命的“天堂”。这是怎么办到的呢？

熔岩之海

早期的地球是一颗毫无生机的熔融行星，就像一座恐怖的熔炉。由于地球巨大的引力将来自太空的大量残骸拉向自己，使地球接连不断地遭遇撞击，由此在地球表面产生了巨大的热量。同时，地球内部的放射性元素衰变也产生了大量的热，从内部炙烤地球。这两大热量的综合作用，无疑导致了灾难性的后果。当温度上升至成千上万度时，地球表面岩石中的铁和镍等金属开始熔化，地球的外部呈熔融状态，好像是一片“熔岩之海”，深度达成百上千千米。

也就是说，当时的地球就像飘浮在太空中的一颗巨大液滴。在这种状态下，铁元素等重元素下沉，在地球的中心积累，逐渐形成一个有两个月球那么大的熔融状内核；而那些轻质元素和富含碳和水的轻质成分则像湖面上的藻类一样，漂浮在地球表面。

幸运的大碰撞

诞生之初的地球和今天完全不同——火山喷出大量的有毒气体，地球被包裹在一个令人窒息的大气层里面，当时地球大气层的主要成分是二氧化碳、氮和水蒸气。因为没有氧气可供呼吸，也没有臭氧层来阻挡致命的紫外线辐射，所以当时的地球不是一个适合生物存在的

↑行星撞地球引发地球旋转轴倾斜

星球，至少对我们所知道的生物来说是这样的。

直到地球形成5000万年后，一颗火星大小，质量约为地球十分之一的天体（通常称为忒伊亚）与地球发生了致命性的碰撞。撞击的能量是如此巨大，以至于地球的外层和忒伊亚都被彻底熔化，两者由此聚合成为一颗块头更大的新地球；与此同时，这次猛烈的碰撞也将大量熔融的岩浆喷入太空，这些熔岩最终聚合成为月球。

催生月球的那次大碰撞，对地球本身而言也是一次“幸运大撞击”。正因为那次撞击的力量是如此巨大，所以地球的旋转轴被迫倾向太阳，这样地球上才有了季节之分。如果丧失了月球的稳定作用，地球就会剧烈摇晃，地球上的气候就会经常性地走各种极端。如果那样，一个充满生机的地球还可能形成吗?

生命的“天堂”

科学家们相信，至少在月球诞生10亿年以后，炽热、熔融的地球表面才冷却、变硬，形成地壳，而释放出的气体和火山的活动产生原始的大气层，小行星、较大的原行星、彗星和海王星外天体等携带来的水，使地球的水分增加，冷凝的水产生了海洋。

水是生命最关键的要素，一切生物体都必须有水才能存活。最终，水覆盖四分之三的地球表面，并且提供了能够维持生命进化的环境。地球也因此成为生命进化的“天堂”。

地球生命的起源与进化

——“生命之树”蓬勃生长

有关地球的发展史及生命的起源问题，历来是古生物工作者和生命科学研究者重点研究的重要学科领域。长期以来，随着科学的发展和进步，这方面的研究工作已经取得了一些重要的突破……

↑地球本身正在不断地释放自身的能量

“有机汤”中形成的生命

科学研究表明，地球诞生在距今四十六亿年以前。一开始，地球表面处于熔融状态，火山活动特别强烈，逐渐释放出大量的气体，主要是水蒸气、氢气、一氧化碳、氨气、甲烷、硫化氢等有机物质，这种状况一直持续了很长时间，所以地球的早期发展阶段一直是缺氧的。大量的这样的有机质汇集在原始的海洋里，而火山、闪电和太阳紫外线能释放出大量的能量，上述各种物质在这些能量的作用下，逐渐形成了乙醇、脂肪、碳氢化合物、氨基酸和类似蛋白质的物质，这些物质混在一起，科学家叫作“有机汤”。在某次聚合中，“有机汤”中形成了一个核酸大分子。这个核酸分子能够自我复制。复制以后的核酸仍然携带着母体核酸的结构密码。这个密码可以将许多氨基酸分子聚合成蛋白质大分子，蛋白质在核酸外面形成了保护膜和附属结构。这就是最初的细胞和最早的生命。

生命演化一直遵循着由简单到复杂，由低级到高级的趋势进行，从来没有一种生物在进化过程中，再次变回到它的祖先所属类型，也没有一种生物能在它灭绝一段时间以后再次出现在地球上。

生命之树蓬勃生长

地球上的生命看来是由第一个生物经过再生、繁殖和演化，进而形成无数的生命形态并布满整个地球，这是一个充满传奇色彩的生命历险记。古菌类和后来的细菌在水里、空气中和地上迅速繁殖，在20多亿年中构成了一个生物圈。这个生物圈的成员之间彼此交流，由此又先后产生了真菌和真核生物。然后，它们又集合和组织成多细胞植物和动物。生命在海洋里蔓延开来，它们登上陆地，使世界充满树木和花草，又随着昆虫和鸟类飞翔天空。于是，在地球上形成和成长起“生命之树”。人类是这棵生命进化树最奇异的枝条。

扩展阅读

·地球上的生命来自外太空吗·

有这样一种假说——宇宙太空中的“生命胚种”可以随着陨石或其他途径跌落在地球表面，即成为最初的生命起点。但是，现代科学研究表明，在已发现的星球上，自然状况下是没有保存生命的条件的，因为没有氧气，温度接近绝对零度，又充满具有强大杀伤力的紫外线、X射线和宇宙射线等，因此任何“生命胚种”是不可能保存的。这个假说实际上把生命起源的问题推到了无边无际的宇宙中去了，同时这个假说对于“宇宙中的生命怎样起源”的问题，仍是无法解释的。

↓“生命之树”在海洋中蓬勃生长

大陆漂移之谜
——盘古大陆与究极盘古

如果你注意一下世界地图，就会发现南美洲的东海岸与非洲的西海岸是彼此吻合的，好像是一块大陆分裂后并分离形成的。在几亿年前，大陆是彼此连成一片的吗？它又是怎样分裂的？

原始大陆的分裂和漂移

大陆漂移说认为，在距今2亿年前，地球上现有的大陆是彼此连成一片的，从而组成了一块原始大陆，或称为泛古大陆。泛古大陆的周围是一片汪洋大海，叫作泛大洋。在距今1亿8千万年前，泛古大陆开始分裂，漂移成南北两大块，南块叫岗瓦纳古陆，包括南美洲、非洲、印巴次大陆、南极洲和澳大利亚大陆；北块叫劳亚古陆，包括欧亚大陆和北美洲。以后，又经过

↓南美洲的东海岸与非洲的西海岸彼此吻合

上亿年的沧桑巨变，到了距今约6500万年前，泛古大陆又进一步分裂和漂移，从而形成了亚洲、非洲、欧洲、大洋洲、南美洲、北美洲和南极洲；而泛大洋则完全解体，形成了太平洋、大西洋、印度洋和北冰洋。

最大的大陆板块——盘古大陆

现今地球有七块大陆，更早的

六亿五千万年前，相当于地质时代的埃迪卡拉纪（震旦纪）时，曾形成一次超大陆，这个大陆在一亿年后开始分裂，在泥盆纪时，由于大陆间彼此的碰撞，约在二亿四千五百万年前地球上的陆地又相连在一起，此时相当于地质时代的三叠纪，科学家将之称为盘古大陆。

盘古大陆，又称“超大陆”、“泛大陆”，是指在古生代至中生代期间形成的那一大片陆地。而这个名字是由提出大陆漂移说的德国地质学家阿尔弗雷德·魏格纳提出的。

未来的“究极盘古”

根据现在各个板块的运动，专家推测，到2.5亿年后世界将实现大同，地球上将出现一个超级大陆——它将会在北大西洋和南大西洋的海床都隐没到北美和南美东缘的海沟之后形成。这个超大陆将会在其中央保有一个小型的洋盆，大西洋和印度洋此时已经闭合，北美洲会撞上非洲，但是是在它张裂位置还要更南边的地点，南美围绕在非洲南端，隔着巴塔哥尼亚与印度尼西亚相连，并把仅存的印度洋也关闭了，南极洲则再一次回到南极的位置，太平洋则更加宽广，环绕了近半个地球。我们称这样一块未来的盘古大陆为“究极盘古”。

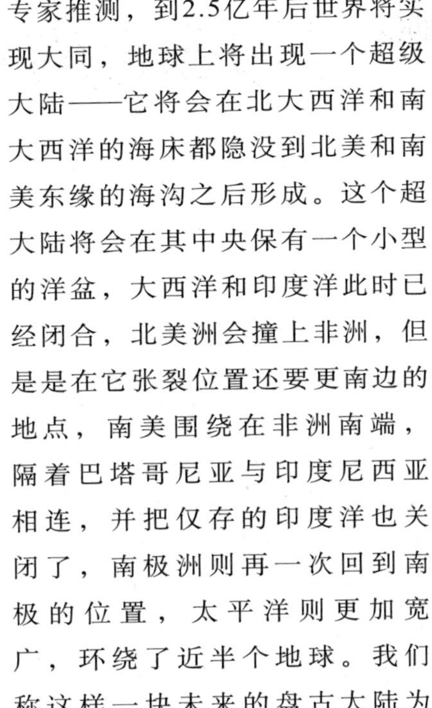

↓由泥沙、岩礁等构成的类似陆地表层的海床

地球的周期性灾难
——恐龙灭绝是个“意外”

纵观地球的生命历史，先后发生过许多次导致生命毁灭的浩劫，每次灾难都会有70%—90%的物种灭绝。对那些大大小小的生物灭绝事件进行分析，科学家们瞧出了端倪：地球好像每隔6200万年左右就会出现一次生物数量的涨落起伏。

太阳系玩“跷跷板游戏”

科学家分析，地球上的巨变往往是天象的变化导致的，地球自身的力量不可能导致全球性的巨变。目前科学家认为，地球上的生命存亡，与太阳系玩“跷跷板”有关。

研究发现，地球物种的大规模灭绝时间与太阳系偏离银河系中心的周期性有着近乎完美的巧合。科学家迈勒特说：“太阳系偏向银河系北方时，就对应着物种灭绝。”在这些周期中，地球都会受到高强度的宇宙射线袭击。当射线与地球大气摩擦时，会产生高能粒子介子，这些介子倾泻到地球物种身上产生了有害的辐射。“宇宙射线本身并没有多么危险，它们与地球大气摩擦

↓带电粒子对大气的袭击会产生大量的云层

产生的带电粒子却可以穿透大气层，尤其是介子还可以深入到海平面以下。”科学家说，地球大气层化学成分的改变及臭氧层的损耗也会导致更多的物种变异。而且，这些带电粒子对大气的袭击还会产生大量的云层，从而导致气候变化给地球物种带来灭顶之灾。

不过，研究人员也承认，他们进行的模拟试验并不能解释所有的灭绝现象。例如，恐龙的灭绝以前被认为是小行星撞击所致，不符合地球灾难周期学说。

恐龙灭绝是个“意外”

恐龙是距今6500万年以前地球上的主宰。也是家喻户晓的已经灭绝了的一种生物。特别是大量恐龙化石的发现，激起了更多人的兴趣。为此“恐龙是怎么灭绝的”这一问题，也是人们最关注的问题。

人们在长期的研究中提出，地球上所发生的历次生物大灭绝，都是太阳周期性演变的结果，但是恐龙的灭绝却是个“意外”，它们的灭绝与小行星或者彗星与地球相撞造成巨大爆炸后的尘埃遮天蔽日、长久不散有关。

科学家认为，那次撞击爆炸使所有恐龙都灭绝了。但是也有一些科学家认为，只有70%的恐龙在当时灭绝，其他的一些恐龙种类则勉强地躲过了劫难，可是在随后的几百万年里又逐渐灭绝了。这后一种说法并不是没有道理，因为在6500万年前的这次事件以后形成的地层里，仍有一些恐龙骨骼被发现。

小行星撞击理论只是科学界种种探索中的沧海一粟，那么多曾经浩浩荡荡、生气勃勃地生活在地球上的恐龙为什么一个不留地从地球上消失了，没有留下它们的后代，却为我们留下了一个难解的谜。这个谜永远激发着我们去探索、去求知。

地球“核心”的秘密
——天然的核反应堆

人类在地球上已经生活了二三百万年，它的内部到底是个什么样子呢？有人说，如果我们向地心挖洞，把地球对直挖通，不就可以到达地球的另一端了吗？然而，这却是不可能的。因为目前世界上最深的钻孔也仅为地球半径的1/500，如果把地球比作一个鸡蛋的话，那就连鸡蛋皮也没穿透。所以人类对地球内部的认识还是很不准确的。

地震波：打开地心之门的钥匙

20世纪初，南斯拉夫地震学家莫霍洛维奇忽然醒悟：原来地震波就是我们探察地球内部的“超声波探测器”！地震波就是地震时发出的震波，它有横波和纵波两种，横波只能穿过固体物质，纵波却能在固体、液体和气体任一种物质中自由通行。通过的物质密度大，地震波的传播速度就快，物质密度小，传播速度就慢。莫霍洛维奇发现，在地下33千米的地方，地震波的传播速度猛然加快，这表明这里的物质密度很大，物质成分也与地球表面不同。地球内部这个深度，就被称为“莫霍面”。

1914年，美国地震学家古登堡发现，在地下2900千米的地方，纵波速度突然减慢，横波则消失了，这说明，这里的物质密度变小了，

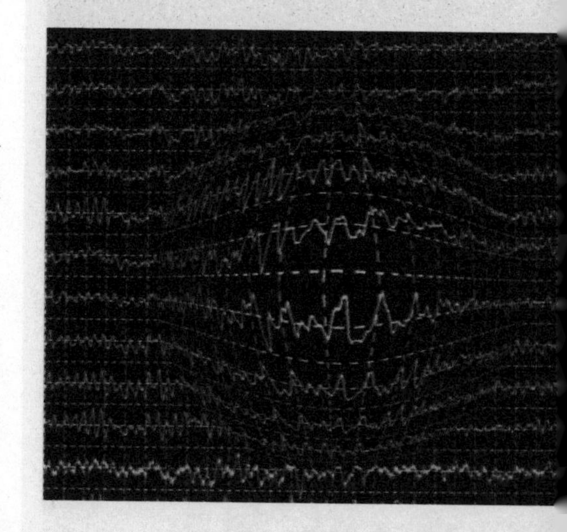

地震波就是地震时发出的震波→

固体物质也没有了，地球之心在这里，只剩下了液体和气体。这个深度，就被称为“古登堡面”。

地球之心之谜终于搞清楚了：地球从外到里，被莫霍面和古登堡面分成三层，分别是地壳、地幔和地核。地壳主要是岩石；地幔主要是含有镁、铁和硅的橄榄岩；地核，也就是真正的地球之心，主要是铁和镍，那里的温度可能高达4982摄氏度。

天然的核反应堆

美国地球物理学家玛文·亨顿在他的理论中提出，地球是一个天然的巨大核电站，人类则生活在它厚厚的地壳上，而地球表面4000英里深的地方，一颗直径达5英里的由铀构成的球核正在不知疲倦地燃烧着、搅动着、反应着，并因此产生了地球磁场以及为火山和大陆板块运动提供能量的地热。

亨顿博士的理论大胆地挑战了自1940年以来在地球物理学领域一直处于支配地位的理论。传统的理论认为，地球的内核是由铁和镍构成的晶体，在向周围的液态外核放热的过程中逐渐冷却和膨胀。在这种理论模型中，放射能只是附属性的热量来源，其产生于广泛分散的同位素衰变，而非集中的核反应。

在20世纪50年代，就曾经有科学家提出假设，认为行星表面甚至内部都可能存在自然的核反应，但这种理论的第一个物理证据出现在20世纪70年代。当时法国科学家在非洲加蓬一处铀矿点发现了发生于地表的天然连锁核反应，这一核反应已经持续了数十万年，并在这一漫长的过程中消耗了数吨重的铀。

扩展阅读

·地核中可能蕴藏黄金·

澳大利亚科学家伯纳德·福特曾撰文指出，在地核中储存有非常丰富的黄金。根据他提供的研究数据，地核中黄金的总储量足以在地球表面包裹一层半米厚的金制外壳。伯纳德·福特是在对一块与地球同时形成的陨石进行分析后得出的。

科学家们在对一块偶然找到的小行星碎块进行分析后发现，它们之中重金属（主要是铁、镍、铂和金）的比重均比较大，而这种情况正好与构成行星的原始物质的组成是一致的。但是，在地壳和岩浆中这些重金属的含量均非常低。

伯纳德·福特由此得出结论，那些“缺失”的黄金和铂很可能都沉积到了地球内部。他认为，地核中集中了地球上至少99%的黄金储量。不过，这一假说现在还难以得到验证。

地球外圈
——包裹地球的“外套”

对于地球外圈中的大气圈、水圈和生物圈，以及岩石圈的表面，一般用直接观测和测量的方法进行研究。这些都是我们日常生活中接触到的东西，它们就像包裹地球的“外套”一样，让我们的世界更加多姿多彩。

大气圈：人类生存不可或缺

大气圈是地球外圈中最外部的气体圈层，它包围着海洋和陆地。大气圈没有确切的上界，在2000—6000千米高空仍有稀薄的气体和基本粒子。在地下，土壤和某些岩石中也会有少量空气，它们也可被认为是大气圈的一个组成部分。

众所周知，大气是地球生命的源泉。通过生物的光合作用（从大气中吸收二氧化碳，放出氧气，制造有机质），进行氧和二氧化碳的物质循环，并维持着生物的生命活动，所以没有大气就没有生物，没有生物也就没有今日

大气圈、水圈、生物圈和岩石附着在地球的表面↓

的世界。地球表面的水，通过蒸发进入大气，水汽在大气中凝结以降水的形式降落地表。这个水的循环过程往复不止，所以地球上始终有水存在。如果没有大气，地球上的水就会蒸发掉，变成一个像月球那样的干燥星球。没有水分，自然界就没有生机，也就没有当今世界。

水圈：地球之蓝

水圈包括海洋、江河、湖泊、沼泽、冰川和地下水等，它是一个连续但不是很规则的圈层。从离地球数万千米的高空看地球，可以看到地球大气圈中水汽形成的白云和覆盖地球大部分的蓝色海洋，它使地球成为一颗“蓝色的行星”。其中海洋水质量约为陆地（包括河流、湖泊和表层岩石孔隙和土壤中）水的35倍。如果整个地球没有固体部分的起伏，那么全球将被深达2600米的水层所均匀覆盖。大气圈和水圈相结合，组成地表的流体系统。

生物圈：千姿百态的“生物大本营”

正是由于存在地球大气圈、地球水圈和地表的矿物，在地球上这个合适的温度条件下，才形成了适合于生物生存的自然环境。人们通常所说的生物，是指有生命的物体，包括植物、动物和微生物。据估计，现有生存的植物约有40万种，动物约有110多万种，微生物至少有10多万种。现存的生物生活在岩石圈的上层部分、大气圈的下层部分和水圈的全部，构成了地球上一个独特的圈层，称为生物圈。生物圈是太阳系所有行星中仅在地球上存在的一个独特圈层。

扩展阅读

·地球表面的“隐形防护罩”·

地球磁场，简而言之是偶极型的，近似于把一个磁铁棒放到地球中心，使它的北极大体上对着南极而产生的磁场形状，但并不与地理上的南北极重合，存在磁偏角。当然，地球中心并没有磁铁棒，而是通过电流在导电液体核中流动的发电机效应产生磁场的。由于地球磁场能使宇宙中的高粒子偏转，因此可以保护人类免受致命的宇宙射线的伤害。同时，地球的磁场也可排斥太阳风，从而阻止地球大气被太阳吹走。否则，灾难将降临，地球家园将被毁灭，地球将成为像火星一样的不毛之地。可以说，地球强大的磁场是保护人类免于遭受外太空各种致命辐射的“隐形防护罩”。

第二章　怪秘地带

——令人困惑的自然异景之谜

我们生活的世界奇妙无穷，有太多等待我们去发现的事物和现象。有些现象无法解释，有些东西极其危险，而有的常常引起我们的赞叹。大自然给人类的生存提供了宝贵而丰富的资源，地球上有许多自然现象仍是一个个谜团，科学家尚无法准确解释其间的神秘，同时这些奇特的自然现象却极具魅力，释放出大自然所独有的绚丽。

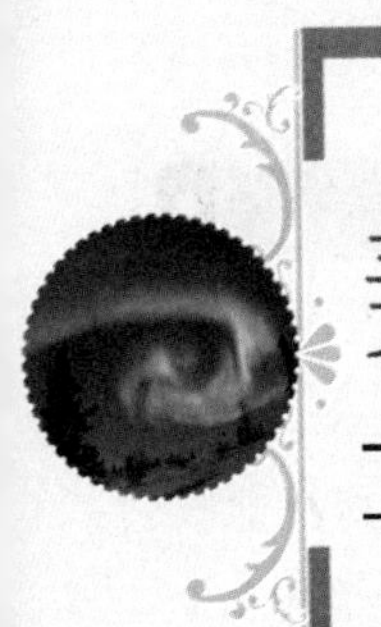

美丽的极光
——太阳风与地球磁场碰撞的“火花”

极光是地球上最美丽的景色之一，自从人们发现极光现象之后就被该现象的神秘和美丽所深深吸引。它们的颜色从浅到深，从绿到红，应有尽有，它们有的像彩色纸带，有的像烟花，有的像弓，有的像窗帘……简直美丽极了。

超级“电光秀”

极光是一种大自然天文奇观，它没有固定的形态，颜色也不尽相同，颜色以绿、白、黄、蓝居多，偶尔也会呈现艳丽的红紫色，曼妙多姿又神秘难测。极光只在高纬度地区严寒的秋冬夜晚发生，而最佳时刻则是晚上10点到凌晨2点，有些时候可持续1小时左右。

一般来说，极光的形态可分为弧状极光、带状极光、幕状极光、放射状极光等四种。在北部出现的称为北极光，在南部出现的则称为南极光。

极光最常出没在南北磁纬度67°附近的两个环状带区域内，分别称作南极光区和北极光区。人们去那里是为欣赏它那壮观景象并目睹每晚都会出现的极光奇观。如果你有机会到阿拉斯加，一定要看看那迷人的北极光，捕捉那千变万化的超级“电光秀”，您也将彻底地爱上北极光！

北极光的成因

长期以来，极光的成因一直众说纷纭。有人认为，它是地球外缘燃烧的大火；有人则认为，它是夕阳西沉后，天际映射出来的光芒；

还有人认为，它是极圈的冰雪在白天吸收储存阳光之后，夜晚释放出来的一种能量。这天象之谜，直到人类将卫星火箭送上太空之后，才有了合理的解释。

原来，太阳释放出的高能带电粒子（也称为离子），进入太空，若是这样的离子流从太阳中发射出来，就被称为“太阳风”。地球的磁场和太阳风相互作用，一些粒子就来到地球大气的电离层。在电离层，气体粒子发生碰撞、发光，便产生了极光。

扩展阅读

·狐狸之火·

当人类第一次仰望天际惊见北极光的那一刻开始，北极光就一直是个“谜”。长久以来，人们都各自发展出了自己的极光传说，比如在芬兰，北极光被称“狐狸之火”。古时的芬兰人相信，因为一只狐狸在白雪覆盖的山坡奔跑时，尾巴扫起晶莹闪烁的雪花一路伸展到天空中，从而形成了北极光。

↓极光是由于太阳粒子流轰击高层大气气体使其激发或电离而出现的彩色发光现象

彩虹的秘密
——五色石发出的彩光

“雨后总会看见彩虹！”还记得上一次看见彩虹是什么时候吗？它的美，令人如此向往，七种色彩架起一座梦幻的天桥，仿佛通往童话般的世界，让人心中充满了遐想……你知道彩虹是怎样形成的吗？想不想见到绚丽的火彩虹？

神话中的彩虹

彩虹在神话中占有一席之位，是因为它的美，以及它一直是个难以理解的现象。比如在中国神话中，女娲炼五色石补天，彩虹即五色石发出的彩光；而在民间彩虹俗称“杠吃水”“龙吸水”，以前的人们认为彩虹会吸干当处的水，所以人们在彩虹来临的时候敲击锅、碗等来“吓走”彩虹。

彩虹形成的原因

科学对彩虹的解释是：因为阳光射到空中接近圆形的小水滴，造成色散及反射而成。阳光射入水滴时会同时以不同角度入射，在水滴内亦以不同的角度反射。当中以40—42度的反射最为强烈，造成我们所见到的彩

↓彩虹

←瀑布附近形成的彩虹

虹。造成这种反射时，阳光进入水滴，先折射一次，然后在水滴的背面反射，最后离开水滴时再折射一次。因为水对光有色散的作用，不同波长的光的折射率有所不同，蓝光的折射角度比红光大。由于光在水滴内被反射，所以观察者看见的光谱是倒过来的，红光在最上方，其他颜色在下方。

其实，只要空气中有水滴，而阳光正在观察者的背后以低角度照射，便可能产生可以观察到的彩虹现象。彩虹最常在下午雨后天刚转晴时出现。这时空气内尘埃少而充满小水滴，天空的一边因为仍有雨云而较暗。而观察者头上或背后已没有云的遮挡而可见阳光，这样彩虹便会较容易被看到。另一个经常可见到彩虹的地方是瀑布附近。

知道了彩虹形成的原理，我们也可以在晴朗的天气下背对阳光在空中洒水或喷洒水雾，自己来“制造”彩虹。

绚丽的火彩虹

火彩虹是一种光学现象，是阳光透过厚厚的、扁平的、横向的卷云冰晶时，发生折射引起的。要出现这种现象，大气条件必须非常完善，比如太阳必须达到一定高度，多出现在夏至前后；火彩虹并不容易观察到，也不是随处可见的，北纬55度以北和南纬55度以南就不会出现，尽管有人在北欧的高纬度山地观察到过。所以如果你足够幸运的话，一生大概可以看到1—2次火彩虹。

乳状积云
——颠簸的云彩

“乳状积云”是在积雨云下方形成的乳状型积云，是当下降气流中温度较冷的空气与上升气流中温度较暖的空气相遇，而形成如同一个个袋子形状的乳状云。它可以在多个方向上延伸数百英里，每个瓦片状的云朵可以保持静态10—15分钟。美丽都是有代价的，它的出现往往预示未来可能有风暴或其他极端恶劣的天气出现。

颠簸的云彩

乳状云是自然界中罕见的自然现象，它的奇特外观让很多人看到后以为即将有大风暴或者大雷雨到来。

正常的云底都是平的，那是因为湿润的暖空气上升，受到冷却而在某个温度，往往也是在某个特定的高度凝结成小水滴。当水滴形成后，这些空气也就变成了不透光的云。然而在某些情况下，它会发展成含有大水滴或冰粒的云胞，这些大水滴及冰粒在降落蒸发过程中，流失了大量的热，并牵引出旺盛的沉降气流。这样的云胞最可能发生在雷雨的扰流区附近，例如出现在铁砧云端的乳状云，在阳光的侧照下尤其引人注目。

乳状云还有一个更形象的名字——“颠簸的云彩”。很多人常常会将乳状云误认为是龙卷风或飓风来临的前兆。但专家们说乳状云的出现常常预示着暴风雨的降临。

专家解释乳状云的形成

物理学家帕特里克·庄说：“它们是一些外观奇异的云彩。”有些科学家对乳状云的形成有不同的见解。美国国家大气研究中心物理学家丹尼尔·布里德表示，空气的浮力和对流是形成乳状云的关键。布里德说："这好像是上下颠倒的对流。"

对流就好比有浮力的气泡。以乳状云为例，在云中的空气冷却过程中，蒸发作用会引起大量负浮力，这使得缕缕云彩向下而不是像积云一样向上移动，最终，它们看上去就像上下颠倒的气泡一样。乳状云移动平缓的原因在于它们下面的温度结构。据布里德介绍，在对流层中，温度会随高度增加而有所降低，这称为"直减率"，变化的速度必须接近于中值。

换言之，如果温暖的小气泡出现在某个区域，温度根本不会出现变化，因为没有热量进出。这是暴风雨所特有的温度结构。若没有这些外部条件，形成的云外观更加普通，不是高低不平，就是缕缕轻烟。布里德说："只要有暴风雨的地方，肯定会看到乳状云。若是没有暴风雨，你要想看到乳状云，则一定要有令云浮起所需的大气条件。"

↓一些乳状云看起来相当吓人，人们常常会将乳状云误认为是龙卷风或飓风来临的前兆

世界上最低的死亡湖泊
——死海

死海位于约旦和巴勒斯坦交界处，湖面海拔-430.5米，湖长67千米，宽18千米，面积810平方千米；盐分高达30%，为一般海水的8.6倍。它的湖岸是地球上已露出陆地的最低点，也是世界上最深的咸水湖。

死海名字的由来

死海之所以叫“死海”是因为它的高盐度使鱼类无法生存于水中，但有细菌及浮游生物；因为盐度高，所以富含大量的镁、钠、钾、钙盐等矿物。也因盐水密度高，任何人皆能轻易地漂浮在死海水面，但也要注意避免海水进入眼睛或口中而造成不适。

死海的湖岸是地球上“已露出陆地”的最低点，若不考虑水文，则有另外两个陆地最低点：俄罗斯贝加尔湖最深处的湖床海拔-1181米；而地球陆地未被液态水覆盖的最低点为南极的本特利冰河下沟谷（被冰覆盖），最深处谷底海拔-2555米。

死海形成的原因

死海水中含有很多矿物质，水分不断蒸发，矿物质沉淀下来，经年累月而成为今天最咸的咸水湖。人类对大自然奇迹的认识经历了漫长的过程，最后依靠科学才揭开了大自然的秘密。死海的形成，是由于流入死海的河水不断蒸发、矿物质大量下沉的自然条件造成的。那么，为什么会造成这种情况呢？原因主要有两条。其一，死海一带气温很高，夏季平均可达34C°，最高达51C°，冬季也有14—17C°。气温越高，蒸发量就越大。其二，这里干燥少雨，年均降雨量只有50毫米，而蒸发量是1400毫米左右。

晴天多，日照强，雨水少，补充的水量微乎其微，死海变得越来越“稠”——沉淀在湖底的矿物质越来越多，咸度越来越大。于是，经年累月，便形成了世界上第一咸的咸水湖——死海。死海是内流湖，因此水的唯一外流就是蒸发作用，而约旦河是唯一注入死海的河流。但近年来因约旦和以色列向约旦河取水供应灌溉及生活用途，死海水位受到严重的威胁。

大约250万年前或稍后时期，大量河水流入该湖，淤积了厚厚的沉积物，内有页岩、泥土、沙石、岩盐和石膏。以后形成的泥土、泥灰、软白垩和石膏层落在沙土和沙砾层之上。由于在最近1万年中，水蒸发的速度比降水补充的速度快，该湖逐渐缩减至目前的大小。在此过程中，露出了1.6—6.4千米厚的覆盖死海湖谷的沉积物。

利桑半岛和塞多姆山，历史上称作所多玛山，是由地壳运动产生的地层。塞多姆山的陡峭悬崖高耸在西南岸上。利桑半岛由泥土、泥灰、软白垩和石膏层形成，隔层中夹有沙土和沙砾。利桑半岛和死海湖谷西侧类似物质形成的湖底向东部下降。据猜测，是塞多姆山和利桑半岛地势上升，形成了死海南部的急斜面。板块之间的运动使得地表形成断层，使得死海形成。随后死海的水冲过这一急斜面的西半部，淹没死海目前较浅的南端。

↓死海位于约旦和巴勒斯坦交界处，湖面海拔-430.5米，其湖岸是地球上已露出陆地的最低点，也是世界上最深的咸水湖

地球的神秘地带
——北纬30°

地球至今仍有无数未被人类所认知的秘密，而其中北纬30°堪称一条神秘而又奇特的纬线。在这条独特的纬线上，贯穿有四大文明古国，神秘的百慕大三角洲，著名的埃及金字塔，世界最高峰珠穆朗玛峰等等诸多独特的奇特自然及人文现象，并且这个地带是全球火山和地震最为频繁的地区之一，我国西藏和印度北部都是地震多发区，在大洋彼岸的美国西海岸也是如此。

北纬30°的神秘色彩

沿着北纬30°线，天地为我们打开了地球所有的记忆大门。从地理布局大致看来，这里既有地球山脉的最高峰珠穆朗玛峰，又有海底最深处马里亚纳海沟。世界几大河流——埃及的尼罗河、伊拉克的幼发拉底河、中国的长江、美国的密西西比河，均是在这一纬度线入海。同时，这里也是世界上许多著名的自然及文明之谜所在地：古埃及金字塔群，狮身人面像，北非撒哈拉沙漠的“火神火种”壁画，死海，巴比伦的“空中花园”，令人惊恐万状的“百慕大三角区”，远古玛雅文明遗址……

而沿着北纬30°线寻觅，我们不能不提到距今12000年前于“悲惨的一昼夜”间沉没于海中的亚特兰特提斯岛，也就是常说的大西洲。传说中沉没的大西洲位于大西洋中心左右。大西洲文明的核心是亚特兰特提斯岛，岛上有宫殿和奉祝守护神波塞冬的壮丽神殿，所有建筑物都以当地开凿的白、黑、红色的石头建造，美丽壮观。首都波塞多尼亚的四周建有双层环状陆地和三层环状运河。在两处环状的陆地上还有冷泉和温泉，除此之外，岛上还建有造船厂、赛马场、兵舍、体育馆和公园等等。这座理想之都从此成为众人心目中永世向往的神圣乐土。随着考古发掘工作的逐步深入，英国学者史考特·艾利欧德指出，亚特兰特提斯在当时已达文明的巅峰期。

另外，古埃及的许多习俗，都可以在古代墨西哥找到奇异的“记忆”。在玛雅人的陵墓壁画中，可轻易找到与古埃及王陵近似的图案。这样的“巧合”不胜枚举。我们完全有理由相信，这两个地区的文化和习俗之间，一定存在着某种必然的联系，这个联系绝不是简单的模仿或重复。由于它们相距十分遥远，我们至今没有找到他们直接交往的任何有力证据，而且它们还处在不同的历史时代。但我们有理由相信：它们之间的一系列“巧合”，更像是远古时代遗留下的“记忆”！这些都为北纬30°增添了神秘色彩。

部分科学家的相关解释

部分地球物理学家们认为，沿着北纬30°发生的种种神秘现象的起因缘于地球内部，可能是地球磁场、重力场和电场以及其他物理量的差异所致。并且，地质学家们更多地注意到全球规模的地壳运动的影响，在第三纪初期（大约4000万年前），青藏高原的大部分还是一片汪洋大海，古印度大陆在大海南部遥遥相望，在板块运动作用下，古印度大陆开始向北漂移，最终拼贴在欧亚大陆上，经过几百万年的拼贴过程，原来的汪洋大海全部消

↓因海底板块的强烈运动而引发的海啸

↑神秘的百慕大三角区

失，古印度大陆向欧亚大陆的下部挤压俯冲，致使青藏高原隆起，喜马拉雅地区褶皱成为山系，这一宏伟的过程直到今天还在继续。地质学家们认为，青藏高原目前正以每年几毫米至十毫米的速率上升，全球地壳的厚度平均为35千米，而青藏高原的地壳厚度达70千米，这就意味着青藏高原及其周边地区将成为全球构造形变最为复杂、地壳运动最为剧烈的地区。

其实，在漫长的地球发展史中，海陆格局并不是今天的样子，最初只有一块巨大的泛大陆，称之为冈瓦纳古陆，后来，冈瓦纳古陆逐渐解体，分裂成几块大陆，随之又发生了大陆漂移。地壳运动并不仅仅局限于水平运动，在现代大洋中，新生的地壳（洋壳）不断生成，地幔物质从地球深部不断地涌出，海底的火山和地震活动非常频繁，不难理解，处在印度洋板块与欧亚板块相撞部位的青藏高原为什么成为全球火山活动最为活跃的地区之一。而青藏高原正好处在北纬30°地区，沿着青藏高原向东西方向延伸，北纬30°就成了地球的脐带，是整个地球最敏感和复杂的地带。在这个地带，复杂的地壳运动影响了地球磁场、重力场和电场的变化，也必然会给人类社会带来巨大的影响。

图说经典百科

第三章　山野之秘

——人“神”莫辨的山海异形

地球是人类赖以生存的星球，也是一块古老而充满生机的土地。由于地理纬度、海陆分布和地形等原因的影响，地球产生了许多奇特的、令人叹为观止的自然奇景。大自然的创造力远远超出人类的想象。从人们发现大自然起，它就不停地用鬼斧神工的山川、举世无双的河湖、浑然天成的奇景冲击着人类的视觉，扩展着人类原有的想象空间。

科罗拉多大峡谷
——地球上最大的裂缝

科罗拉多大峡谷位于美国西部亚利桑那州西北部的凯巴布高原上，大峡谷全长446千米，平均宽度16千米，最大深度1740米，平均谷深1600米，总面积2724平方千米。由于科罗拉多河穿流其中，故取名科罗拉多大峡谷，它是被联合国教科文组织选为受保护的天然遗产之一，也是一处举世闻名的自然奇观。

匍匐于凯巴布高原上的“巨蟒”

科罗拉多大峡谷的形状极不规则，大致呈东西走向，蜿蜒曲折，像一条桀骜不驯的巨蟒，匍匐于凯巴布高原之上。它的宽度在6—25千米之间，峡谷两岸北高南低，平均谷深1600米，谷底宽度762米。科罗拉多河在谷底汹涌向前，形成两山壁立、一水中流的壮观，其雄伟的地貌，浩瀚的气魄，慑人的神态，奇突的景色，举世无双。1903年，美国总统西奥多·罗斯福来此游览时，曾感叹地说：“大峡谷使我充满了敬畏，它无可比拟，无法形容，在这辽阔的世界上，绝无仅有。”有人说，在太空唯一可用肉眼看到的自然景观就是科罗拉多大峡谷。

科罗拉多大峡谷谷底宽度在

↓科罗拉多州的落基山

200—29000米之间。早在5000年前，就有土著美洲印第安人在这里居住。大峡谷岩石是一幅地质画卷，反映了不同的地质时期，它在阳光的照耀下变幻着不同的颜色，魔幻般的色彩吸引了全世界无数旅游者的目光。由于人们从谷壁可以观察到从古生代至新生代的各个时期的地层，因而被誉为一部“活的地质教科书”。

科罗拉多河刻凿出的“峡谷之王”

科罗拉多大峡谷是科罗拉多河的杰作。

科罗拉多河发源于科罗拉多州的落基山，洪流奔泻，经犹他州、亚利桑那州，由加利福尼亚州的加利福尼亚湾入海，全长2320千米。“科罗拉多”，在西班牙语中意为“红河”，这是由于河中夹带大量泥沙，河水常显红色，故有此名。

科罗拉多河不舍昼夜地向前奔流，有时开山劈道，有时让路回流，在主流与支流的上游就已刻凿出黑峡谷、峡谷地、格伦峡谷、布鲁斯峡谷等19个峡谷，而最后流经亚利桑那州多岩的凯巴布高原时，更出现惊人之笔，形成了这个大峡谷奇观，而成为这条水系所有峡谷中的“峡谷之王”。

↓科罗拉多大峡谷风貌

珠穆朗玛峰

——世界之巅

珠穆朗玛峰，简称珠峰，又意译作圣母峰，位于中华人民共和国和尼泊尔交界的喜马拉雅山脉之上，终年积雪。是亚洲和世界第一高峰。

登山家心目中的“圣殿”

珠穆朗玛峰山体呈巨型金字塔状，威武雄壮昂首天外，地形极端险峻，环境非常复杂。在它周围20千米的范围内，群峰林立，重峦叠嶂。仅海拔7000米以上的高峰就有40多座，形成了群峰来朝、峰头汹涌的波澜壮阔的场面。

珠穆朗玛峰海拔8848.86米，巍然屹立在茫茫喜马拉雅山脉的最高处，常年覆盖着冰雪。它那金字塔形的峰体，在百千米之外就清晰可见，给人以肃穆和神圣的感觉。珠穆朗玛峰以其地球之巅的美誉，

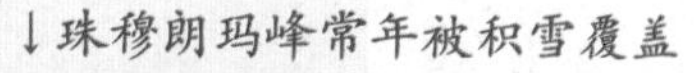

↓珠穆朗玛峰常年被积雪覆盖

成为世界各国（地区）登山家心目中的“圣殿”，是每一个登山家的终生夙愿。

“喜怒无常”的气候

珠穆朗玛峰地区及其附近高峰的气候复杂多变，即使在一天之内，也往往变化莫测，更不用说一年四季之内的翻云覆雨。大体来说，每年6月初至9月中旬为雨季，强烈的东南季风造成暴雨频繁、云雾弥漫、冰雪肆虐无常的恶劣气候。11月中旬至翌年2月中旬，因受强劲的西北寒流控制，气温可达–60℃，平均气温在–40℃至–50℃之间，最大风速可达90米/秒。每年3月初至5月末，这里是风季过渡至雨季的春季。9月初至10月末是雨季过渡至风季的秋季。在此期间，有可能出现较好的天气，是登山的最佳季节。

仍在不断上升之中

珠穆朗玛峰所在的喜马拉雅山地区原是一片海洋，在漫长的地质年代，从陆地上冲刷来大量的碎石和泥沙，堆积在喜马拉雅山地区，形成了这里厚达3万米以上的海相沉积岩层。以后，由于强烈的造山运动，喜马拉雅山地区受挤压而猛烈抬升，据测算，平均每一万年大约升高20—30米，直至今日，喜马拉雅山区仍处在不断上升之中。

↓喜马拉雅山脉

维多利亚瀑布
——“咆哮的云雾”

当你看到那些美得让人窒息的瀑布，看着水滴在阳光照耀下形成的一道道彩虹；当你站在那些大自然赋予我们的叹为观止的奇观前面，听着瀑布声如同雷鸣……大自然的强大威力和瀑布的恢弘之美必定让你沉醉。

“咆哮的云雾”

维多利亚瀑布位于非洲三比西河的中游，赞比亚与津巴布韦之间，宽约1.7千米，高约128米，是世界著名瀑布奇观之一。

维多利亚瀑布的平均流量约935立方米/秒。广阔的赞比西河在流抵瀑布之前，舒缓地流动在宽浅的玄武岩河床上，然后突然从约50米(150英尺)的陡崖上跌入深邃的峡谷。主瀑布被河间岩岛分割成数股，浪花溅起达300米。每逢新月升起，水雾中映出光彩夺目的月虹，景色十分迷人。

当赞比西河河水充盈时，每秒7500立方米的水汹涌越过维多利亚瀑布。水量如此之大，且下冲力如此之强，以至引起水花飞溅，40千米之外均可以看到。维多利亚瀑布的当地名字是“莫西奥图尼亚”，可译为“轰轰作响的烟雾”或者“咆哮的云雾”。彩虹经常在飞溅的水花中闪烁，它能上升到305米的高度。离瀑布40至65千米处，人们可看到升入300米高空如云般的水雾。

维多利亚瀑布的形成

传说，在很久以前，维多利亚瀑布的深潭下面，每天都会出现一群如花似玉的姑娘，她们会日夜不停地敲打着非洲特有的金鼓，当金鼓的咚咚声从水下传出时，瀑布就会传出震天的轰鸣声。不一会儿，姑娘们浮出水面，她们身穿的五彩衣裳在太阳的照射下，散发出金光反射到天空，人们就能在几十千米外看到美丽的彩虹。她们曼妙的舞姿搅动着池水，变成水花形成漫天的云雾。

现在，如果游客站在瀑布对面的悬崖边上，手中的手帕都会被瀑布溅下的水花打湿。如此壮观美丽的维多利亚瀑布是怎么形成的呢？

维多利亚瀑布的形成，是由于一条深邃的岩石断裂谷正好横切赞比西河。断裂谷由1.5亿年以前的地壳运动所引起。维多利亚瀑布最宽处达700多米。河流跌落处的悬崖对面又是一道悬崖，两者相隔仅75米。两道悬崖之间是狭窄的峡谷，水在这里形成一个名为“沸腾锅”的巨大旋涡，然后顺着72千米长的峡谷流去。

扩展阅读

·魔鬼池·

魔鬼池号称全世界最危险的天然游泳池，它处在利文斯敦岛的悬崖边，同时也是维多利亚瀑布的边缘，旁边就是100多米的深谷。在干旱季节，水流相对平缓，也相对地比较安全，但不代表不够刺激，只有胆子够大的才敢下水。前往魔鬼池必须徒步3小时，并且跳过一个个岩石以避开危险的激流，若失足，就会被冲下瀑布。据说，曾居住在瀑布附近的科鲁鲁人从不敢走近它。邻近的东加族更视它为神物，把彩虹视为神的化身，他们经常在瀑布东边接近太阳的地方举行宰杀黑牛仪式来祭神。

↓赞比西河裂谷的维多利亚瀑布

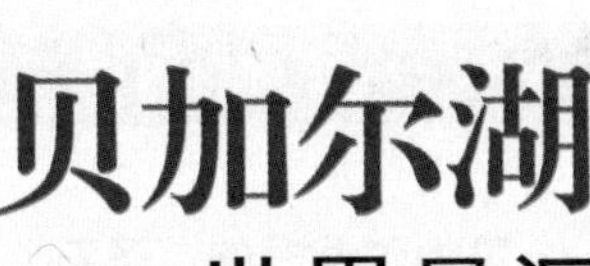

贝加尔湖
——世界最深最古老的湖

贝加尔湖是大自然安放在俄罗斯东南部伊尔库茨克州的一颗璀璨的明珠，它的形状像一弯新月，所以又有“月亮湖”之称。湖上景色奇丽，令人流连忘返。俄国大作家契诃夫曾描写道：“湖水清澈透明，透过水面就像透过空气一样，一切都历历在目，温柔碧绿的水色令人赏心悦目……”

“月亮湖”的风采

贝加尔湖湖型狭长弯曲，宛如一弯新月，所以又有“月亮湖”之称。它全长636千米，平均宽度为48千米，最宽处79.4千米，面积3.15万平方千米，平均深度744米，最深点1642米，湖面海拔456米。贝加尔湖湖水澄澈清冽，且稳定透明（透明度达40.8米），为世界第二。其总蓄水量23600立方千米，相当于北美洲五大湖蓄水量的总和，约占地表不冻淡水资源总量的1/5。假设贝加尔湖是世界上唯一的水源，其水量也够50亿人用半个世纪。贝加尔湖就其面积而言只居全球第九位，却是世界上最古老的湖泊之一（据考其历史已有2500万年）。贝加尔湖容积巨大的秘密还在于深度。如果在这个湖底最深点把世界上4幢最高的建筑物一幢一幢地叠起来，第4幢屋顶上的电视天线杆仍然在湖面以下58米，如果我们把高大的泰山放入湖中的最深处，山顶距水面还有100米。

天然“空调机”

贝加尔湖周围地区的冬季气温，平均为－38℃，确实很冷，不过每年1—5月，湖面封冻，放出潜热，将减轻冬季的酷寒；夏季湖水解冻，大量吸热，降低了炎热程度，因而有人说，贝加尔湖是一个天然双向的巨型“空调机”，对湖滨地区的气候起着调节作用。一年之中，尽管贝加尔湖面有5个月结起60厘米厚的冰，但阳光却能够透过冰层，将热能输入湖中形成“温室效应”，使冬季湖水接近夏天水温，有利于浮游生物繁殖，从而直接或间接为其他各类水生动物提供食物，促进它们的发育生长。据水下自动测温计测定，冬季贝加尔湖的底部水温至少有－4.4℃，比湖的表面水温高。贝加尔湖可调节湖滨的大陆性气候。

扩展阅读

·贝加尔湖畔的“圣石”传说·

在贝加尔湖水向北流入安加拉河的出口处有一块巨大的圆石，人称“圣石”。当涨水时，圆石宛若滚动之状。相传很久以前，湖边居住着一位名叫贝加尔的勇士，膝下有一美貌的独女安加拉。贝加尔对女儿十分疼爱，又管束极严。有一日，飞来的海鸥告诉安加拉，有位名叫叶尼塞的青年非常勤劳勇敢，安加拉的爱慕之心油然而生，但贝加尔断然不许，安加拉只好乘其父熟睡时悄悄出走。贝加尔猛醒后，追之不及，便投下巨石，以为能挡住女儿的去路，可女儿已经远远离去，投入了叶尼塞的怀抱。这块巨石从此就屹立在湖的中间。

↓贝加尔湖的湖水清澈透明

黄石公园
——“世外桃源”

黄石国家公园位于美国西部北落基山和中落基山之间的熔岩高原上，绝大部分处在怀俄明州的西北部。海拔2134—2438米，面积8956平方千米。黄石河、黄石湖纵贯其中，有峡谷、瀑布、温泉以及间歇喷泉等，景色秀丽，引人入胜。其中尤以每小时喷水一次的“老实泉”最著名。园内森林茂密，还牧养了一些残存的野生动物如美洲野牛等，供人观赏。园内设有历史古迹博物馆……简直就是一个“世外桃源”！

狮群喷泉

黄石国家公园自然景观分为五大区，即玛默区、罗斯福区、峡谷区、间歇泉区和湖泊区。五个景区各具特色，但有一个共同的特色——地热奇观。公园内有温泉3000处，其中间歇泉300处，许多喷水高度超过30米，“狮群喷泉”由4个喷泉组成，水柱喷出前发出像狮吼的声音，接着水柱射向空中；“蓝宝石喷泉”水色碧蓝；最著名的“老实泉”因很有规律地喷

↓黄石公园

↑黄石老实泉

属于另一个世界的景观

正如人们所熟知，黄石以数量繁多的热喷泉、大小间歇的喷泉地貌、绚丽多彩的高山、岩石、峡谷、河流，种类繁多的野生动物闻名于世。这是地热活动的温床，有一万多个地热风貌特征；落基山脉给这片领地创造了无数秀丽的山峦、河流、瀑布、峡谷，其石灰岩的结构又让大地添上美丽多姿的颜色；无数的野生动物赋予它生生不息的生命，这里是怀俄明兽群的故乡，也是北美洲乃至全世界陆地最大的、种类最繁多的

↓黄石公园下瀑布

水而得名。从它被发现到现在的100多年间，每隔33—93分钟喷发一次，每次喷发持续四五分钟，水柱高40多米，从不间断。园内道路总长500多英里，小径总长1000多英里，黄石湖、肖肖尼湖、斯内克河和黄石河分布其间。公园四周被卡斯特、肖肖尼、蒂顿、塔伊、比佛黑德和加拉廷国有森林环绕。黄石公园那由水与火锤炼而成的大地原始景观被人们称为“地球表面上最精彩、最壮观的美景”，被描述成“已超乎人类艺术所能达到的极限”。

↑黄石公园峡谷风貌

哺乳动物栖息地。

一位美国探险家曾经这样形容黄石公园："在不同的国家里，无论风光、植被有多么大的差异，但大地母亲总是那样熟悉、亲切、永恒不变。可是在这里，大地的变化太大了，仿佛这是一片属于另一个世界的地方。……地球仿佛在这里考验着自己无穷无尽的创造力。"

黄石火山——世界第一"超级火山"

黄石火山位于美国中西部怀俄明州西北方向，占地近9000平方千米，以黄石湖西边的西拇指为中心，向东向西各15英里，向南向北各50英里，构成一个巨大的火山口。在这个火山口下面蕴藏着一个直径约为70千米、厚度约为10千米的岩浆库，这个巨大的岩浆库距离地面最近处仅为8千米，并且还在不断地膨胀，从1923年至今，黄石公园部分地区的地面已经上升了70厘米。科学家们警告称，黄石火山或许已经进入活跃期，据模拟分析显示，一旦该火山喷发将导致灾难性后果。

很多年来，黄石国家公园的游客们根本没有意识到自己看到的是世界上最大的活火山。所有这些温泉、间歇泉和蒸气孔都需要巨大的地核熔岩能量来维持，在黄石公园熔岩散发出的热量已经非常接近地表。专家表示，黄石火山喷发周期为60—80万年，而如今距离上次喷发时间已经有64.2万年了，这座世界上最大的超级活火山已经进入了红色预警状态，就算在不受外力（指太阳活动以及人工钻探）的情况下它也随时可能喷发。

冰河湾

——“冰雪幻境”

冰河湾形成于四千年前的小冰河时期，数千年后冰河不断向前推进，并在1750年时达到鼎盛，然而自此之后冰河却开始融化后退。从近乎垂直的冰崖所崩裂下来的冰山，点缀在冰河湾上，天气好的时候每每受到阳光的照拂，形成了海上晶莹的冰体，仿佛童话世界里的“冰雪幻境”。

走入童话般的“冰雪幻境”

冰河湾国家公园坐落在美国阿拉斯加州和加拿大交界处，距旧纽西50英里，占地330万公顷，围绕在陡峭的群山中，只能乘船或飞机到达。那里有无数的冰山、各类鲸鱼和爱斯基摩人的皮划舟。到达冰河湾的游人只能居住在帐篷中或乡村田舍中。根据碑文的记载，冰河湾国家公园最引人入胜的景观之一就是巨大海湾中活动着的冰河。

缪尔是第一个仔细研究冰河的科学家。1879年，他曾经攀登过高耸入云的费尔韦瑟峰。他描述道：“翼状的云层环绕群峰，阳光透过云层边缘，洒落在峡湾碧水和广阔的冰原上。”“黎明景色非凡美丽，山峰上似有红色火焰在燃

烧。”陶醉其中的缪尔写道，“那五彩斑斓的万道霞光渐渐消退了，变成了淡淡的黄色与浅白。”如此美景至今仍可看到。自缪尔探险时代之后，冰河沿海湾向北移动了很远，这种现象在北半球其他地方也曾被发现。

整个冰河湾国家公园包含了18处冰河、12处海岸冰河地形，包括沿着阿拉斯加湾和利陶亚海湾的公园西缘。几个位置遥远，且罕有观光客参观的冰河，都属于冰河湾国家公园所有。

缪尔冰川

↓冰河湾国家公园中的阿拉斯加湾

1794年，英国航海家温哥华乘“发现”号来到艾西海峡时，还没有冰河湾。他所看到的只是一条巨大的冰川的尽头——一堵16千米长、100米高的冰墙。但是85年后美国博物学家缪尔来到此地，发现的是一个广阔的海湾。冰川已向陆地缩回了77千米。冰川一直都在移动、融化……现在，在冰河湾国家公园里，冰蚀的峡湾沿着两岸茂密的森林，伸入内陆100千米，尽头是裸露的岩石，或者从美加边境山脉流下的16条冰川中的某一条。高高的山峰远远耸立在地平线上，俯视这片哺育冰川的冰雪大地，其中最高峰是海拔4670米的费尔韦瑟峰。

缪尔冰川，位于冰河湾内，在阿拉斯加北端突出的地方，是以科学家缪尔的名字命名的。狭长的冰川湾伸入内陆约105千米，边缘地带还有更多的小湾（其实这是由冰川所刻凿出来的），这些小湾多是遽然而起的冰壁，而这冰壁即为自山坡延伸至海岸的冰山鼻。自1982年以来，缪尔冰川后退速度很快。随着冰川的后退，植物很快地代替冰川覆盖了地表。除冰川外，冰川内的野生动物也深深吸引着各地的游客。

巨人之路

——屹立在大海之滨的“天然阶梯”

山依海势，海借山景，位于北爱尔兰贝尔法斯特西北约80千米处大西洋海岸的“巨人之路”，是由数万根大小均匀的玄武岩石柱聚集成一条绵延数千米的“天然阶梯”，被视为世界自然奇迹。

奇特的石柱

在英国北爱尔兰的安特里姆平原边缘的岬角，沿着海岸悬崖的山脚下，大约有3.7万多根六边形或五边形、四边形的石柱组成的贾恩茨考斯韦角从大海中伸出来，从峭壁伸至海面，屹立在大海之滨。它被称为“巨人之路”。

巨人之路海岸包括低潮区、峭壁以及通向峭壁顶端的道路和一块高地。峭壁平均高度为100米。巨人之路是这条海岸线上最具特色的地方。这37000多根大小均匀的玄武岩石柱聚集成一条绵延数千米的堤道，形状很规则，看起来好像是人工凿成的。大量的玄武岩柱石排列在一起，形成壮观的玄武岩石柱林。它们以井然有序、美轮美奂的造型，磅礴的气势令人叹为观止。

↓北爱尔兰安特里姆郡的巨人堤道风景

↑北爱尔兰巨人之路的玄武岩排列

组成巨人之路的石柱横截面宽度在37—51厘米之间，典型宽度约为0.45米，延续约6000米长。岬角最宽处宽约12米，最窄处仅有3—4米，这也是石柱最高的地方。在这里，有的石柱高出海面6米以上，最高者可达12米左右。也有的石柱隐没于水下或与海面一般高。

站在一些比较矮小的石块上，可以看到它们的截面都是很规则的正多边形。不同石柱的形状具有形象化的名称，如“烟囱管帽”“大酒钵”和“夫人的扇子”等。

“巨人之路”的传说

巨人之路又被称为巨人堤，这个名字起源于爱尔兰的民间传说。相传远古时代爱尔兰巨人芬·麦克库尔要与苏格兰巨人芬·盖尔决斗。为此，麦克库尔历尽艰辛开凿石柱，并把它们移到海底，铺成通向苏格兰的堤道。大功告成后，他回家睡觉，准备养精蓄锐后跨堤去攻打盖尔。此时，盖尔却捷足先登跨堤来察看敌情，他见到沉睡中的麦克库尔身躯如此巨大，不由暗暗吃惊。而麦克库尔的妻子急中生智，诡称沉睡巨人是她初生的婴儿，盖尔听了更为惊恐：“孩子如此巨大，其父该是怎样的庞然大物？”他吓得撤回苏格兰，并捣毁了其身后的堤道，只剩一段残留的堤道屹立在爱尔兰海边。

火山熔岩的结晶

美丽的传说仍在传诵，但是这道通向大海的巨大天然阶梯之谜，被地质学家们揭开了谜底，原来它是由火山熔岩的多次溢出结晶而成，独特的玄武岩石柱之间有极细小的裂缝，地质学家称之为“节理”，熔岩爆裂时所产生的节理一般具有垂直延伸的特点，在沿节理流动的水流的作用下，久而久之形成这种聚集在一起的多边形石柱群，加上海浪冲蚀，将之在不同高度处截断，便呈现出高低参差的石柱林地貌。

乞力马扎罗山
——赤道的雪峰

“乞力马扎罗”在非洲斯瓦希里语中，意即“光明之山”。乞力马扎罗山素有“非洲屋脊”和“赤道的雪峰”之称，而许多地理学家则喜欢称它为“非洲之王”。

非洲之冠

乞力马扎罗山位于东非大裂谷以南约160千米，是非洲最高的山。根据气候的山地垂直分布规律，乞力马扎罗山基本气候，由山脚向上至山顶，分别是由热带雨林气候至冰原气候。风景包括赤道至两极的基本植被。因为位于赤道附近所以植被从热带雨林开始。气候分布属于非地带性分布，因此乞力马扎罗山多容易形成地形雨，给它带来丰富降水。

在海拔1000米以下为热带雨林带，1000—2000米间为亚热带常绿阔叶林带，2000—3000米间为温带森林带，3000—4000米为高山草甸带，4000—5200米为高山寒漠带，5200米以上为积雪冰川带。因全球气候变暖和环境恶化，近年来，乞力马扎罗山顶的积雪融化，冰川退缩非常

↓赤道阔叶林景观

严重，乞力马扎罗山“雪冠”一度消失。如果情况持续恶化，15年后乞力马扎罗山上的冰盖将不复存在。援引联合国的报告说，乞力马扎罗山的冰盖将随着全球气候变暖而融化，在15年后完全消失。违法的伐木业、木炭生产业、采石业及森林火灾，都加剧了冰盖的融化。而乞力马扎罗冰川消失将对这个地区的生态系统带来严重破坏。据有关研究报告称，气候变暖导致乞力马扎罗山的冰川体积过去100年间减少了将近80%，造成附近居民的饮用水供应减少。

赤道雪峰

非洲最高峰乞力马扎罗山享有“非洲屋脊”美誉。早在150多年前，西方人一直否认非洲的赤道旁会有雪山存在。1848年，一位名叫雷布曼的德国传教士来到东非，偶然发现赤道雪峰的奇景，回国后写了一篇游记，发表在一家刊物上，详细介绍了自己的所见所闻。然而，连雷布曼自己也没有想到，就是这篇文章给他带来了无穷无尽的麻烦，众人指责他在无中生有地宣传异端邪教，怀有不可告人的目的，使这位传教士备受冤枉。1861年，又有一批西方的传教士、探险者来到非洲，亲眼看见赤道旁边的这座峰顶积雪的高山，并拍下了照片，西方人开始相信雷布曼所讲的事实，从而结束了对他长达13年的指责。尽管后来仍然有人否认非洲赤道旁会有雪峰，但赤道雪峰的存在至少已有数万年的历史。

被誉为“赤道雪峰”的乞力马扎罗山位于赤道附近的坦桑尼亚东北部。在赤道附近“冒”出这一晶莹的冰雪世界，世人称奇。酷热的日子里，从远处望去，蓝色的山基赏心悦目，而白雪皑皑的山顶似乎在空中盘旋。常伸展到雪线以下飘渺的云雾，增加了这种幻觉。山麓的气温有时高达59℃，而峰顶的气温又常在零下34℃，故有“赤道雪峰”之称。在过去的几个世纪里，乞力马扎罗山一直是一座神秘而迷人的山——很少有人相信在赤道附近居然有这样一座覆盖着白雪的山。

坦桑骄子

乞力马扎罗山是坦桑尼亚人心中的骄傲，他们把自己看作草原之帆下的子民。据传，在很久很久以前，天神降临到这座高耸入云的高山，以便在高山之巅俯视和赐福他的子民们。盘踞在山中的妖魔鬼怪为了赶走天神，在山腹内部点起了一把大火，滚烫的熔岩随着熊熊烈火喷涌而出。妖魔的举动激怒了天神，他呼来了雷鸣闪电瓢泼大雨把大火扑灭，又召来了飞雪冰雹把冒着烟的山口填满，这就是今天看到的赤道雪山这一地球上独特的风景点。这个古老而美丽的故事世代在坦桑尼亚人民中间传诵，使大山变得神圣而威严无比。1999年4月1日，该国传出了一个惊人的消息，称“欧盟发达国家准备出巨资用沙石把乞力马扎罗山抬高几百米”。“喜讯”传来，许多坦桑尼亚人欢腾雀跃起来，心想：“它会不会变成第二个珠穆朗玛峰？”然而，第二天权威人士将事情捅破，原来4月1日是“愚人节”。即使如此，仍有一些人坚信不疑，因为他们明明看到二十多个高鼻子蓝眼睛的洋人天天扛着仪器测量雪山么！谜底是在坦桑尼亚举行“2000年世纪登山活动”之前揭开的。政府宣布：乞力马扎罗山的准确高度是5891.77米。许多坦桑尼亚人心里开始不平衡了：怎么搞的，山又矮了3米多！其实山还是那么高，只不过过去测量有误差而已。据悉，从1889年开始至今，德国和英国学者几乎像比赛一样对这座大山进行过轮番测量，分别得出过6011、5982、5930、5965、5963、5895等五花八门的数字。

乞力马扎罗山是坦桑尼亚人民的母亲山，世世代代用她的乳汁抚育自己的儿女，给了他们无穷无尽的欢乐。然而，19世纪德国殖民者首先侵入了这片美丽多娇的土地，扰乱了这里的平静和安宁。他们把早已被非洲人民命名的“乞力马扎罗”雪山说成是由他们“首先发现的”，并把他们的所谓“功绩”铭刻在石头上。这方记录着殖民主义罪恶的“功德”碑至今仍竖立在莫希一所老式洋房的大门前，现在已变成坦桑尼亚进行爱国主义教育的教科书。尔后英国殖民者又占领了这块土地，伊丽莎白女王又在德国皇帝威廉生日时把乞力马扎罗山雪峰作为“寿礼”送出，演出了一幕充满殖民主义色彩的滑稽剧。其实，谁是赤道雪山的主人，原本是最明白不过的。

乞力马扎罗山属于坦桑尼亚，属于非洲，是非洲人的象征。据知，目前它仍然是一座活火山。

图说经典百科

第四章　深海真貌

——深不可测的大洋之谜

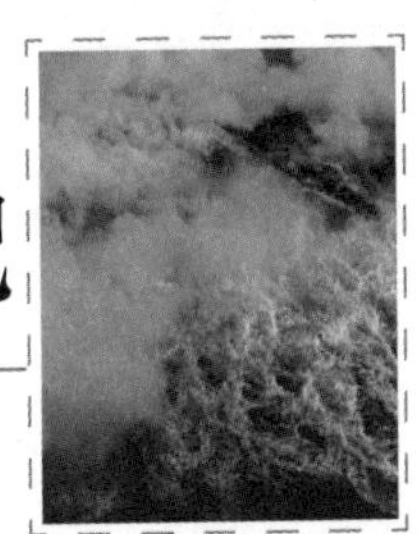

海洋浩瀚无边、绚丽多彩，在蔚蓝色的海水之下，更有一个变化万千的海底世界，以及神秘莫测的海洋动物。你想去幽深的海底寻访各种异象奇观吗？你想了解各种有趣而又鲜为人知的海洋动物吗？

人类文明足迹的前进
——探索海洋诞生记

“大海是生命之源”，人们总是这样说，但好多人却不知道，海和洋不完全是一回事，它们彼此之间是不相同的。那么，它们有什么不同，又有什么关系呢？

自然界的海与洋的亲密关系

洋，是海洋的中心部分，是海洋的主体。世界大洋的总面积，约占海洋面积的89%。大洋的水深，一般在3000米以上，最深处可达1万多米。大洋离陆地遥远，不受陆地的影响。它的水分和盐度的变化不大。每个大洋都有自己独特的洋流和潮汐系统。大洋的水色蔚蓝，透明度很大，水中的杂质很少。

世界共有4个大洋，即太平洋、印度洋、大西洋、北冰洋。

夏季，海水变暖；冬季，水温降低；有的海域，海水还要结冰。在大河入海的地方，或多雨的季节，海水会变淡。由于受陆地影响，河流夹带着泥沙入海，近岸海水混浊不清，海水的透明度差。海没有自己独立的潮汐与海流。海可以分为边缘海、内陆海和地中海。边缘海既是海洋的边缘，又是临近大陆前沿；这类海与大洋联系广泛，一般由一群海岛把它与大洋分开。我国的东海、南海就是太平洋的边缘海。内陆海，即位于大陆内部的海，如欧洲的波罗的海等。地中海是几个大陆之间的海，水深一般比内陆海深些。世界主要的海接近60个。太平洋最多，大西洋次之，印度洋和北冰洋差不多。

海洋诞生的历程

海洋是怎样形成的？海水是从哪里来的？对这个问题目前

科学还不能得出最后的答案，这是因为，它们与另一个具有普遍性的、同样未彻底解决的太阳系起源问题相联系。现在的研究证明，大约在50亿年前，从太阳星云中分离出一些大大小小的星云团块。它们一边绕太阳旋转，一边自转。在运动过程中，互相碰撞，有些团块彼此结合，由小变大，逐渐成为原始的地球。星云团块碰撞过程中，在引力作用下急剧收缩，加之内部放射性元素蜕变，使原始地球不断受到加热增温；当内部温度达到足够高时，地内的物质包括铁、镍等开始熔解。在重力作用下，重的下沉并趋向地心集中，形成地核；轻者上浮，形成地壳和地幔。在高温下，内部的水分汽化与气体一起冲出来，飞升入空中。但是由于地心的引力，它们不会跑掉，只在地球周围，成为气水合一的圈层。位于地表的一层地壳，在冷却凝结过程中，不断地受到地球内部剧烈运动的冲击和挤压，因而变得褶皱不平，有时还会被挤破，形成地震与火山爆发，喷出岩浆与热气。开始，这种情况发生频繁，后来渐渐变少，慢慢稳定下来。这种轻重物质分化，产生大动荡、大改组的

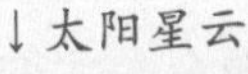
↓太阳星云

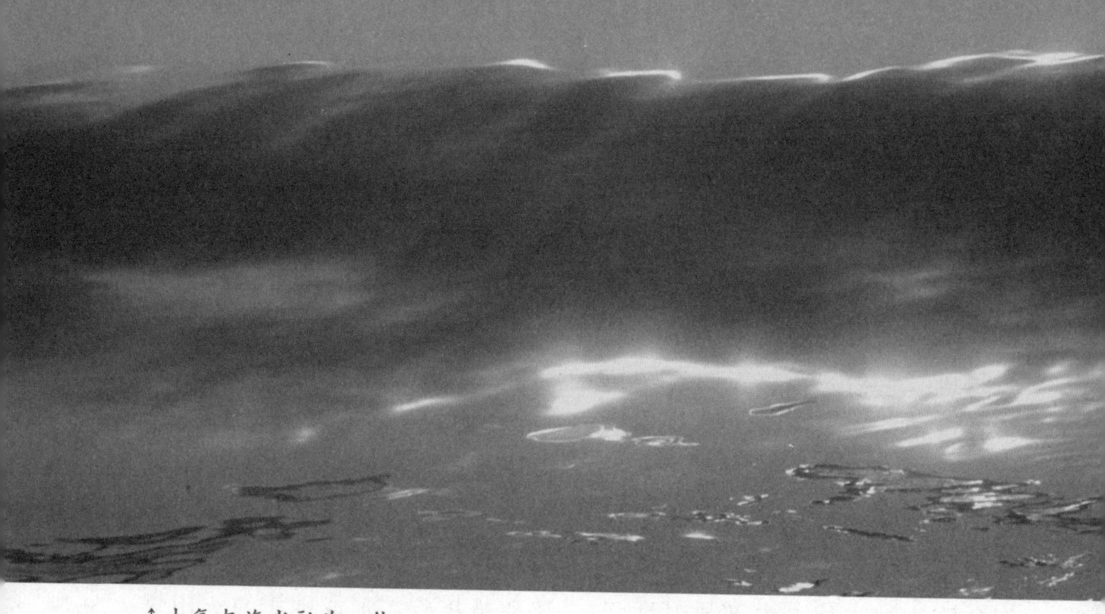

↑大气与海水融为一体

过程，大概是在45亿年前就已经完成了。地壳经过冷却定型之后，地球就像个久放而风干了的苹果，表面皱纹密布，凹凸不平。高山、平原、河床、海盆，各种地形一应俱全了。

而在很长的一个时期内，天空中水气与大气共存于一体，浓云密布，天昏地暗。随着地壳逐渐冷却，大气的温度也慢慢地降低，水气以尘埃与火山灰为凝结核，变成水滴，越积越多。由于冷却不均，空气对流剧烈，形成雷电狂风，暴雨浊流，雨越下越大，一直下了很久很久。滔滔的洪水，通过千川万壑，汇集成巨大的水体，这就是原始的海洋。原始的海洋，海水不是咸的，而是带酸性、又是缺氧的。水分不断蒸发，反复地形云致雨，重新落回地面，把陆地和海底岩石中的盐分溶解，不断地汇集于海水中。经过亿万年的积累融合，才变成了咸水。同时，由于大气中当时没有氧气，也没有臭氧层，紫外线可以直达地面，靠海水的保护，生物首先在海洋里诞生。大约在38亿年前，即在海洋里产生了有机物，先有低等的单细胞生物。在5亿多年前的古生代，有了海藻类，在阳光下进行光合作用，产生了氧气，慢慢积累的结果，形成了臭氧层。此时，生物才开始登上陆地。总之，经过水量和盐分的逐渐增加及地质历史上的沧桑巨变，原始海洋逐渐演变成今天的海洋。

神秘的海底地形
——从海岭到海沟

地球表面被陆地分隔为彼此相通的广大水域称为海洋，其总面积约为3.6亿平方千米，约占地球表面积的71%，因为海洋面积远远大于陆地面积，故有人将地球称为“水球”。由于海水的掩盖，海底地形起伏难以直接观察。

海底三大基本地形单元

洋底有高耸的海山，起伏的海丘，绵长的海岭，深邃的海沟，也有坦荡的深海平原。纵贯大洋中部的大洋中脊，绵延8万千米，宽数百至数千千米，总面积堪与全球陆地相比，其长度和广度为陆上任何山系所不及。大洋最深处深11034米，位于太平洋马里亚纳海沟，这一深度超过了陆地上最高峰珠穆朗玛峰的海拔高度(8848.86米)。太平洋中部夏威夷岛上的冒纳罗亚火山海拔4170米，而岛屿附近洋底深五六千米，冒纳罗亚火山实际上是一座拔起于洋底而高约万米的山体。

在地球表面上，大陆和洋底呈现为两个不同的台阶面，陆地大部分地区海拔高度在0—1千米，洋底大部分地区深度在4—6千米。整个海底可分为三大基本地形单元：大陆边缘、大洋盆地和大洋中脊。大洋盆地一语有两种含义：广义的泛指大陆架和大陆坡以外的整个大洋；狭义的指大洋中脊和大陆边缘之间的深洋底。这里所用为后一种含义。

海洋的“脊柱”——海岭

海岭又称海脊，有时也称“海底山脉”。狭长延绵的大洋底部高

↑夏威夷恐龙湾

地，一般在海面以下，高出两侧海底可达3—4千米。位于大洋中央部分的海岭，称中央海岭，或称大洋中脊。 在四大洋中有彼此连通蜿蜒曲折庞大的海底山脊系统，全长达80000多千米，像一条巨龙伏卧在海底，注视着波涛滚滚的洋面。大洋中脊露出海面的部分形成岛屿，夏威夷群岛中的一些岛屿就是太平洋中脊露出部分。在大洋中脊的顶部有一条巨大的开裂，岩浆从这里涌出并冷凝成新的岩石，构成新的洋壳。所以人们把这里称为新大洋地壳的诞生处。

地球最深处——海沟

海沟是海底最深的地方，是深度超过6000米的狭长的海底凹地。两侧坡度陡急，分布于大洋边缘。如太平洋的菲律宾海沟、大西洋的波多黎各海沟等。海沟多分布在大洋边缘，而且与大陆边缘相对平行。对于海沟，目前科学家有许多不同的观点。有人认为，水深超过6000米的长形洼地都可以叫作海沟。另一些人则认为真正的海沟应该与火山弧相伴而生。世界大洋约有30条海沟，其中主要的有17条，属于太平洋的就有14条。

海洋之奇观异景
——深海“无底洞”与海火之谜

海洋中是否有“无底洞”？航行在黑夜的海上或伫立在黑夜的海滩，有时会突然发觉海面上有光亮闪烁，好像点点灯火，沿海渔民就称其为海火，那是一种海发光现象吗？

深海里的“黑洞”

深海“黑洞”位于印度洋北部海域，北纬5°13′、东经69°27′，半径约3海里。这里的洋流属于典型的季风洋流，受热带季风影响，一年有两次流向相反变化的洋流。夏季盛行西南季风，海水由西向东顺时针流动；冬季则刚好相反。“无底洞”（又称“死海”或“黑洞”）海域则不受这些变化的影响，几乎呈无洋流的静止状态。1992年8月，装备有先进探测仪器的澳大利亚哥伦布号科学考察船在印度洋北部海域进行科学考察，科学家认为“无底洞”可能是个尚未认识的海洋“黑洞”。根据海水振动频率低且波长较长来看，“黑洞”可能存在着一个由中心向外辐射的巨大的引力场，但这还有待于进一步科学考察。他们还在“无底洞”及其附近探测到7艘失事的船只。

在希腊克法利尼亚岛附哥斯托利昂港附近的爱奥尼亚海域，还真有一个许多世纪以来一直在吸收大量海水的无底洞。据估计，每天失踪于这个无底洞里的海水竟有3万吨之多，曾经有人推测，这个无底洞，就像地球的漏斗、竖井、落水洞一类地形。

“海火”是地震或海啸的预警吗

海水发光现象被人们称为“海火”。海火常常出现在地震或海啸前后。1976年7月28日唐山大地震的前一天晚上，秦皇岛、北戴河一

↑在地震或海啸前后，海面上常出现发光现象

带的海面上也有这种发光现象。尤其在秦皇岛油码头，人们看到当时海中有一条火龙似的明亮光带。难道“海火”的出现预示着某种灾难即将来到？

发光现象在海洋生物中极为普遍，从结构简单的细菌到结构比较复杂的无脊椎动物和脊椎动物，都有着种类繁多的发光生物。如真菌门、菌藻纲、原生动物门、腔肠动物门、环节动物门、软体动物门、节肢动物门、棘皮动物门、脊索动物门和脊椎动物门等，都有发光的典型种类。

海火的确是一种神秘奇异的现象，尤其是不常在海边或海上旅行的人，第一次看到海火时，更会感觉不可理解。海火可分为三种，即：火花型（闪耀型）、弥漫型和闪光型（巨大生物型）。每一类型按其光亮的强度划分为五级，从微弱光亮到显目可见和特别明亮。

专家解释称：火花型发光是由小型或微型的发光浮游生物受到刺激后引起的发光，是最为常见的一种海发光现象；弥漫型发光，主要由发光细菌发出，它的特点是海面呈一片弥漫的乳白色光泽；闪光型发光，是由大型动物，如水母、火体虫等受到刺激后发出的一种发光现象。

海底“黑烟囱”
——奇怪的“喷烟”现象

海底“黑烟囱”是20世纪海洋科学最重大的发现之一。这些含有矿物质的地热流通常从因板块推挤而隆起的海底山脊上喷出。矿液刚喷出时为澄清溶液，与周围的冰冷海水混合后，很快产生沉淀，形成烟囱状水柱，因此得名。

“黑烟囱”是怎样形成的

海底“黑烟囱”的形成主要与海水及相关金属元素在大洋地壳内热循环有关。由于新生的大洋地壳温度较高，海水沿裂隙向下渗透可达几千米，在地壳深部加热升温，溶解了周围岩石中多种金属元素后，又沿着裂隙对流上升并喷发在海底。由于矿液与海水成分及温度的差异，形成浓密的黑烟，冷却后在海底及其浅部通道内堆积了硫化物的颗粒，形成金、铜、锌、铅、汞、锰、银等多种具有重要经济价值的金属矿产。世界各大洋的地质调查都发现了黑烟囱的存在，并主要集中于新生的大洋地壳上。

发现奇异生物

海底黑烟囱的构筑绝不仅仅是地质构造活动的结果。其中神奇莫测的“热泉生物建筑师”的艰辛劳作也功不可没。在热泉口周围拥聚生息着种类繁多的蠕虫，其中管足蠕虫可长到45厘米，它们独具特色的生存行为特别引人注目。

解剖分析表明，管足蠕虫内脏中的细菌可从热液所含亚硫酸氢盐中获取氢原子维持生命，细菌还可把海水中的氢、氧和碳有机地转化生成碳水化合物，为蠕虫提供生存所需的食物。这种化学反应的结果遗留下硫元素，蠕虫排泄的硫又促使海水中的钡和硫酸发生催化反应。长此以往，蠕虫死后便在熔岩中遗留下管状重晶石穴坑。它们开凿的洞穴息息相通犹如礁岩迷宫，从而使热液将矿物质源源不断地输送上来并堆集烟道。当黑烟囱在热泉周围落成后，熔岩上深邃的管状洞口穴就成为矿物热液外流的通道，从而形成海底黑烟热泉奇观，直到通道自身被矿物结晶体堵塞才告停息。从多处海底热泉采样分析来看，矿产资源丰饶，种类繁多，品质极高。科学家因此提出原始生命起源于海底“黑烟囱”周围的理论，认为地球早期的生命可能就是嗜热微生物。

知识链接

·海底“黑烟囱”的利用价值·

生命起源的古老物质拥有巨大经济价值，现在陆地上的矿物质已经开采将尽，各国都把眼光集中到了海底开采，尤其是含矿物质最丰富的海底“黑烟囱”。而实际上，这些矿石含金，而且可以综合利用，冶炼出更多宝贵物质，现在却被大量浪费着。海底黑烟囱的形成很不易，长成几十米高要用几千年时间，以现在的开采速度，这些矿点十几年就会成废矿。

↓海水及相关金属元素在大洋地壳内热循环，引发海水“冒黑烟”

地球的蓝色血液
——海洋资源

海洋是地球蓝色的"血液"，是国与国之间政治、经济、科技、文化交往的重要通道。在人类的脚步已踏入21世纪门槛的时候，面对人口剧增、资源短缺、环境恶化等一系列问题，人类越来越把生存与发展的希望寄托于蓝色的海洋。

人类的水库

海洋面积约36200万平方千米，接近地球表面积的71%。海洋中含有十三亿五千多万立方千米的水，约占地球总水量的97%。而在全球71%的海洋中，约有97%为海洋水，即咸水或其他人类不可用的水资源，而人类所需的淡水却仅占全球水量的2.5%。地球上的淡水资源，绝大部分为两极和高山的冰川，其余大部分为深层地下水。目前人类利用的淡水资源，主要是江河湖泊水和浅层地下水，仅占全球淡水资源的0.3%，但是海水是咸水不能直接饮用，海水淡化，是开发新水源、解决沿海地区淡水资源紧缺的重要途径。而海水淡化方法人类已经在逐步地尝试。在20世纪30年代主要是采用多效蒸发法；20世纪50年代至20世纪80年代中期主要是多级闪蒸法（MSF），至今利用该方法淡化水量仍占相当大的比重；20世纪50年代中期的电渗析法（ED）、20世纪70年代的反渗透法（RO）和低温多效蒸发法（LT-MED）逐步发展起来，特别是反渗透法(RO)海水淡化已成为目前发展速度最快的技术。并且人类还进行了海水直流冷却技术、海水循环冷却技术、海水冲厕技术和海水化学资源综合利用技术等。因此，在水资源日益紧缺的今天，海洋中的水资源是我们解决水问题的唯一途径。

矿物资源的聚宝盆

海洋是矿物资源的聚宝盆。经过20世纪70年代“国际10年海洋勘探阶段”，人类进一步加深了对海洋矿物资源的种类、分布和储量的认识。其中主要包括油气田、海底热液矿藏等。

油气田：人类经济、生活的现代化，对石油的需求日益增多。在当代，石油在能源中发挥第一位的作用。但是，由于比较容易开采的陆地上的一些大油田，有的业已告罄，有的濒于枯竭。为此，近二三十年来，世界上不少国家正在花大力气来发展海洋石油工业。探测结果表明，世界石油资源储量为1万亿吨，可开采量约3000亿吨，其中海底储量为1300亿吨。而在中国则有浅海大陆架近200万平方千米。通过海底油田地质调查，先后发现了渤海、南黄海、东海、珠江口、北部湾、莺歌海以及台湾浅滩等7个大型盆地。其中东海海底蕴藏量之丰富，堪与欧洲的北海油田相媲美。

东海平湖油气田是中国东海发现的第一个中型油气田，位于上海东南420千米处。它是以天然气为主的中型油气田，深2000—3000米。据有关专家估计，天然气储量为260亿立方米，凝析油474万吨，轻质原油874万吨。

海底热液矿藏：20世纪60年代中期，美国海洋调查船在红海首先发现了深海热液矿藏。而后，一些国家又陆续在其他大洋中发现了三十多处这种矿藏。热液矿藏又称“重金属泥”，是由海脊(海底山)裂缝中喷出的高温熔岩，经海水冲洗、析出、堆积而成的，并能像植物一样，以每周几厘米的速度飞快地增长。它含有金、铜、锌等几十种稀贵金属，而且金、锌等金属品质非常高，所以又有“海底金银库”之称。饶有趣味的是，重金属五彩缤纷，有黑、白、黄、蓝、红等各种颜色。由于当今相关技术的薄弱，海底热液矿藏还不能立即进行开采，但是，它却是一种具有潜在力的海底资源宝库。一旦能够进行工业性开采，那么，它将同海底石油、深海锰结核和海底砂矿一起，成为21世纪海底四大矿种之一。

图说经典百科

第五章　疯狂的气象

——狂野而又多变的地球奇观

气压、温度和湿度的多彩变化，再加上地球的自转和千差万别的山水湖泊的影响，丰富多彩的天气及其现象纷纷登台表演，节目五彩缤纷，各有千秋。这让我们不得不感叹，地球的“脾气”真是狂野而又多变啊！

天有不测风云
——多变的天气

天气现象是指发生在大气中的各种自然现象，即某瞬时内大气中各种气象要素（如气温、气压、湿度、风、云、雾、雨、雪、霜、雷、雹等）空间分布的综合表现。

下雪不冷化雪冷

在冬天下雪的日子里，我们经常有这样的感觉，大雪纷飞的时候不觉得天气有多冷，但等到雪后初霁时，才觉得冻手冻脚，这是为什么呢?

专家介绍，冬季里，下雪前或下雪的时候，一般是暖湿空气活跃，高空吹西南风，天气有些转暖，而水汽凝华为雪花也要释放出一定的热量，这就使得下雪前或下雪时天气并不很冷。而降雪结束，天气转晴，一般都伴随着冷空气南下，高空转为偏北风，地面受冷气团控制，气温显然要下降。同时积雪融化，本身就要吸收大量热量，所以天气反而比下雪时冷。

为什么有时乌云积聚不下雨

这种现象，是由两种原因造成的。

夏季的上午，常见一种顶上圆、底部平、孤立在空中的云块，称为淡积云（俗名馒头云）；到了中午前后，这淡积云逐渐发展成为浓厚的，顶部像花菜状的云块，称为浓积云。这时，看起来乌云团聚，其实这种云一般是不会下雨的，充其量最多只能下些小阵雨。当它进一步发展，成为积雨云时，看起来云顶不再像浓积云那样乌云团聚，但却要下雨了。

另外，有时当积雨云移近本地

时，由于前缘有强烈的上升气流，造成了黑云滚滚的气势。这种滚轴状的云，来势虽然很猛，但一般不会下雨；当这种黑云过去（散开）后，猛烈的阵雨才会跟着来。所以造成乌云聚着不下雨，散开以后才下雨的现象。农村中流传的天气谚语“乌头风，白头雨”也是这个意思。

云为什么有不同的颜色

天空有各种不同颜色的云，有的洁白如絮，有的是乌黑一块，有的是灰蒙蒙一片，有的发出红色和紫色的光彩。这不同颜色的云究竟是怎么形成的呢?

云的厚薄决定了颜色，我们所见到的各种云的厚薄相差很大，厚的可达七八千米，薄的只有几十米。有满布天空的层状云、孤立的积状云，以及波状云等许多种。

很厚的层状云，或者积雨云，太阳和月亮的光线很难透射过来，看上去云体就很黑；稍微薄一点的层状云和波状云，看起来是灰色，特别是波状云边缘部分，色彩更为灰白；很薄的云，光线容易透过，特别是由冰晶组成的薄云，云丝在阳光下显得特别明亮，带有丝状光泽，天空即使有这种层状云，地面物体在太阳和月亮光下仍会映出影子。

日出和日落时，由于太阳光线是斜射过来的，穿过很厚的大气层，空气的分子、水汽和杂质，使得光线的短波部分大量散射，而红、橙色的长波部分，却散射得不多，因而照射到大气下层时，长波光特别是红光占绝对的多数，这时不仅日出、日落方向的天空是红色的，就连被它照亮的云层底部和边缘也变成红色了。

↓天空中，云的厚薄决定了云的颜色

暖风之蜕变
——风谲云诡的台风

秋风兮兮，枝叶零落，令人感到萧瑟、凄凉；到了一月和二月时，和煦的春风袭来，花朵绽放花蕾，大地充满了生机。七八月时，大风从江面上吹过，掀起千尺巨浪，吹入竹林，千万根竹子随着风东倒西歪，吹入乡镇和城市，吹走了笑声，却带来了另一番的凄清和荒凉。台风从古至今总是那么的风谲云诡………

关于台风的民间传说

据传，台风在深海里闷得发慌，想到陆上去走动走动。它又扭又转地飞奔着，顷刻之间，海面一片漆黑，浪柱越舞越高。吓得带鱼婶子、黄鱼婆婆、海蜇姑娘、虾兵蟹将乱逃乱躲。台风高兴了，自以为谁都怕它，就更加显威风，拔大树，倒房屋，毁庄稼，淹田地……这日，天上值日的是雷公，四面巡视，忽见南沿海一带，一派乌烟瘴气，觉得事情不妙，拿起宝镜仔细照看，见是台风作恶造孽，骂道：“这畜生疯了。”因为雷公是台风的娘舅，深知外甥生性残暴，又喜欢自吹自擂，触犯圣约天条，非教训一顿不可。雷公回到九天值班殿，拿起一柄大锤，向大警鼓猛敲，只见白光一闪，“轰”的一声巨响，天崩地裂，震得台风晕头转向。台风知道又是尖嘴巴的娘舅把大石头压下来了，自知理亏，身子不听使唤，当初的威风不知哪里去了。三十六计走为上策，就悄悄地躲回海底老家去了。所以台风来到的日子，往往又是雷又是雨。因此在民间也就有了“台风被响雷压散”的说法。

台风的形成

热带海面受太阳直射而使海水温度升高，海水蒸发提供了充足的水汽。而水汽在抬升中发生凝结，

↑热带气旋图

释放大量潜热，促使对流运动的进一步发展，令海平面处气压下降，造成周围的暖湿空气流入补充，然后再抬升。如此循环，形成正反馈，即第二类条件不稳定（CISK）机制。在条件合适的广阔海面上，循环的影响范围将不断扩大，可达数百至上千千米。由于地球由西向东高速自转，致使气流柱和地球表面产生摩擦，由于越接近赤道，摩擦力越强，这就引导气流柱逆时针旋转（南半球系顺时针旋转），由于地球自转的速度快而气流柱跟不上地球自转的速度而形成感觉上的西行，这就形成我们现在说的台风和台风路径。在海洋面温度超过26℃以上的热带或副热带海洋上，由于近洋面气温高，大量空气膨胀上升，使近洋面气压降低，外围空气源源不断地补充流入并上升。受地转偏向力的影响，流入的空气旋转起来。而上升空气膨胀变冷，其中的水汽冷却凝结形成水滴时，要放出热量，又促使低层空气不断上升。这样近洋面气压下降得更低，空气旋转得更加猛烈，最后形成了台风。台风发生在北太平洋西部、国际日期变更线以西，包括南中国海；而在大西洋或北太平洋东部的热带气旋则称飓风。

台风带来的灾害

台风是一种破坏力很强的灾害性天气系统，但有时也能起到消除干旱的有益作用。其危害性主要包括：

大风：达台风级别的热带气旋中心附近最大风力为12级以上。

暴雨：台风是带来暴雨的天气系统之一，在台风经过的地区，可能产生150—300毫米降雨，少数台风能直接或间接产生1000毫米以上的特大暴雨。

风暴潮：一般台风能使沿岸海水产生增水，江苏省沿海最大增水可达3米。

另外，台风过境时常常带来狂风暴雨天气，引起海面巨浪，严重威胁航海安全。台风登陆后带来的风暴增水可能摧毁庄稼、各种建筑设施等，造成人民生命、财产的巨大损失。

花谢花开的四季
——春去秋来

地球绕太阳公转的轨道是椭圆形的，而且与其自转的平面有一个夹角。地球在一年中不同的时候，处在公转轨道的不同位置，地球上各个地方受到的太阳光照是不一样的，接收到太阳的热量不同，因此就有了季节的变化和冷热的差异。

四季是怎么划分的

春、夏、秋、冬称为四季。四季的划分有不同的标准。

天文学上以春分（3月21日前后）、夏至（6月22日前后）、秋分（9月23日）、冬至（12月22日前后）分别作为四季的开始。中国古籍上多用立春（2月4日前后）、立夏（6月5日前后）、立秋（8月8日前后）与立冬（11月8日前后）作为四季的开始。气候统计上，因一般以1月份为最冷月，7月份为最热月，故以阳历3、4、5月份为春季，6、7、8月份为夏季，9、10、11月份为秋季，12、1、2月份为冬季。这种四季的分法，较适宜于四季分明的温带地区。

中国学者张宝坤结合物候现象与农业生产，提出了另一种分季方法。他以候（每五天为一候）平均

气温稳定降低到10℃以下作为冬季开始，稳定上升到22℃以上作为夏季开始。候平均气温从10℃以下稳定上升到10℃以上时，作为春季开始。从22℃以上稳定下降到22℃以下时，作为秋季开始。这种分季方法，可以结合各地的具体气候和农业，故运用得较多。

四季的时间一样长吗

你认为四季的时间都一样长吗？不是的，四季的时间并不相等，你只要在日历上计算一下日子就知道了。

这和地球离太阳的远近有关。因为地球绕太阳运行的轨道是一个椭圆形，太阳并不在这个椭圆的中心，而是在这个椭圆的一个焦点上。这样，地球在绕太阳运行的时候，就会离太阳有时近，有时远。地球运行的速度是和太阳引力的大小有关系的；而太阳引力的大小，又和地球距离的远近有关系。如果地球距离太阳远一些，太阳对它发生的引力作用就小一些，那么地球就会走得慢一些；如果地球距离太阳近一些，太阳对它发生的引力作用

↓春天意味着农忙时期的到来

就大一些，那么地球就会走得快一些。

春季，地球在离开太阳较远的轨道上运行，太阳对它的引力比较小，因此它在轨道上运行就较慢，所以春季的时间就长一些。夏季，地球离太阳最远。太阳对它的引力最小，因此它走得最慢，所以夏季的时间最长。秋季，地球已在离太阳较近的轨道上运行，太阳对它的引力比较大一点，因此它的运行速度就比较快，所以秋季的时间就短一些。到了冬季，地球离太阳最近，太阳对它的引力最大，它也走得最快，所以冬季的时间最短。

何谓“倒春寒”

倒春寒，指初春（北半球一般指3月）气温回升较快，而在春季后期（一般指4月或5月）气温较正常年份偏低的天气现象。它主要是由长期阴雨天气或冷空气频繁侵入，或常在冷性反气旋控制下晴朗夜晚的强辐射冷却等原因所造成的。如果后春的旬平均气温比常年偏低2℃以上，则认为是严重的倒春寒天气，可以给农业生产造成危害，特别是前期气温比常年偏高而后期气温偏低的倒春寒，其危害更加严重。简单来说意思就是：在春季，天气回暖的过程中，因冷空气的侵入，使气温明显降低，因而对作物造成危害，这种“前春暖，后春寒”的天气称为倒春寒。

倒春寒是一种常见的天气现象，不仅中国存在，日本、朝鲜、印度及美国等都有发生，其形成原因并不复杂。一般来说，当旬平均气温比常年偏低2℃以上，就会出现较为严重的倒春寒。而冷空气南下越晚越强、降温范围越广，出现倒春寒的可能性就越大。

俗话说：“春天孩儿脸，一天变三变。”这说的就是春天的气候。春天是个气候多变的季节，虽然春季逐步回暖，但早晚还是比较寒冷，冷空气活动的次数也较为频繁，有的年份还会出现明显的倒春寒。过早脱去棉衣，一旦冷空气来袭，可能会一下子适应不了，身体的抵抗力也会下降，很容易着凉感冒，甚至发热。特别是体质虚弱的老年人和抵抗力较弱的儿童，要穿得稍多一点，避免感冒及诱发其他疾病。

第六章　奇妙的动物

——游走在荒野中的神秘生命

“荒野”也即原生自然。强烈主张保护“荒野”的学者缪尔认为，不仅是动植物，就是岩石、水等自然物质也有神灵之光；利奥波德认为，荒野应包括土壤、水、植物、动物，也就是说应扩大到集结了上述物质的“大地”，由此动物和人类共同分享着“大地”。不同种类的动物由于所处的自然环境不同，具有不同的生理和习性。

身怀绝技的昆虫
——小小昆虫的“技能大赛”

最近的研究表明，全世界的昆虫可能有1000万种，约占地球所有生物物种的一半。但目前有名有姓的昆虫种类仅100万种，占动物界已知种类的2/3—3/4。由此可见，世界上的昆虫还有90%的种类我们不认识；按最保守的估计，世界上至少有300万种昆虫，那也还有200万种昆虫有待我们去发现、描述和命名。现在世界上每年大约发现1000个昆虫新种，它们被收录在《动物学记录》中。

“建筑大师”白蚁

白蚁是一种多形态、群居性而又有严格分工的昆虫，群体组织一旦遭到破坏，就很难继续生存。全世界已知白蚁2000多种，分布范围很广。中国除澳白蚁科尚未发现外，其余4科均有，共达300余种。

白蚁所筑的蚁巢既坚固又实用，可供数百万只白蚁栖息，内有产卵室、育幼室、隧道（也称通道，取地下水湿润巢穴）、通风管（利用空气对流维持蚁巢常温），即便顶级的建筑师也不能与之相比。非洲与澳大利亚的高大白蚁巢，常由十几吨的泥土所砌成，有5—6米高（最高9米），呈圆锥形塔状，为当地特有景观。

“小劳模”蜜蜂

蜜蜂完全以花为食，包括花

↓蜜蜂

↑蝴蝶

粉及花蜜，后者有时调制储存成蜂蜜。蜜蜂为取得食物不停地工作，白天采蜜、晚上酿蜜，同时替果树完成授粉任务，是农作物授粉的重要媒介。一只蜜蜂酿吐1千克的蜜，要用上33333个工作小时，吮吸3333朵花蕊。要酿出500克蜂蜜，工蜂需要来回飞行37000次去发现并采集花蜜、带回蜂房。

蜜蜂的翅膀每秒可扇动200—400次，蜜蜂飞行的最高时速是40千米，当它满载而归时，飞行时速为20—24千米。一个蜂巢平均有5万个蜂房，居住着35000只忙碌的蜜蜂。一只蜜蜂毛茸茸的身体上能粘住5万—75万粒花粉。一汤匙蜂蜜可以为蜜蜂环绕地球飞行一圈提供足够的能量。

身披雨衣的蝴蝶

蝴蝶，全世界大约有14000余种，大部分分布在美洲，尤其在亚马孙河流域品种最多，在世界其他地区除了南北极寒冷地带以外，都有分布。我国台湾也以蝴蝶品种繁多著名。蝴蝶一般色彩鲜艳，翅膀和身体有各种花斑，头部有一对棒状或锤状触角（这是和蛾类的主要区别，蛾的触角形状多样）。触角端部加粗，翅宽大，停歇时翅竖立于背上。最大的是澳大利亚的一种蝴蝶，展翅可达26厘米；最小的是灰蝶展翅，只有15毫米。蝶类成虫吸食花蜜或腐败液体；多数幼虫为植食性。大多数种类的幼虫以杂草或野生植物为食。少部分种类的幼虫因取食农作物而成为害虫。还有极少种类的幼虫因吃蚜虫而成为益虫。

蝴蝶翅膀上的鳞片不仅能使蝴蝶艳丽无比，还像是蝴蝶的一件雨衣。因为蝴蝶翅膀的鳞片里含有丰富的脂肪，能把蝴蝶保护起来，所以即使下小雨，蝴蝶也能飞行。

哺乳动物
——荒野中的“动物园”

哺乳动物具备了许多独特特征，因而在进化过程中获得了极大的成功。最重要的特征是：智力和感觉能力的进一步发展；保持恒温；繁殖效率的提高；获得食物及处理食物的能力的增强；胎生，一般分头、颈、躯干、四肢和尾五个部分；用肺呼吸；脑较大而发达。哺乳和胎生是哺乳动物最显著的特征。

有育儿室的袋鼠

所有袋鼠，不管体积多大，都有一个共同点：长着长脚的后腿强健而有力。袋鼠以跳代跑，最高可跳到4米，最远可跳至13米，可以说是跳得最高最远的哺乳动物。大多数袋鼠在地面生活，从它们强健的后腿跳跃的方式很容易便能将其与其他动物区分开来。袋鼠在跳跃过程中用尾巴进行平衡，当它们缓慢走动时，尾巴则可作为第五条腿。袋鼠的尾巴又粗又长，长满肌肉。它既能在袋鼠休息时支撑袋鼠的

↓袋鼠

身体，又能在袋鼠跳跃时帮助袋鼠跳得更快更远。

所有雌性袋鼠都长有前开的育儿袋，育儿袋里有四个乳头。“幼崽”即小袋鼠就在育儿袋里被抚养长大，直到它们能在外部世界生存。

“素食者”大猩猩

由于长着粗鲁的面孔和巨大的身材，大猩猩看起来好像十分吓人，尤其是影片把大猩猩金刚刻画成长有獠牙的肉食动物的形象。但如果仔细观察大猩猩的牙齿，会发现其实它并没有可怕的獠牙。实际上，大猩猩是非常平和的素食者。它们大部分时间都在非洲森林的家园里闲逛、嚼枝叶或睡觉。据估计，一只成年雄性大猩猩，一天要吃掉28千克食物，全部都是植物，相当于200个大苹果和60棵白菜。

令人奇怪的是，大猩猩几乎从来不喝水，它们所需要的全部水分都从所吃的植物中获得。它们特别喜欢吃香蕉树多汁而且带点苦味的树心，对于大猩猩来说，香蕉树的树心是一种最好的食物。

智慧的狐狸

刺猬浑身是刺，因而天敌很少，而狐狸对它却自有一套办法。如果离水近，狐狸就把刺猬拖到水里，刺猬一落水，刺就会自动地舒展开来，狐狸则趁机咬住刺猬柔软的腹部，然后将它抛到空中，反反复复地摔个四五次，直到将它摔昏为止。刺猬昏死过去后，刺慢慢展开，狐狸就可以美美地享受一顿刺猬肉了。

狐狸对付兔子的诡计就更多了。它欺负兔子是近视眼，经常利用地形将自己藏起来，埋伏在兔子的必经之处。兔子发现狐狸后，赶快逃跑，狐狸在后面紧追不舍。兔子前肢短，后肢长，上山迅速，下山时则跌跌撞撞地跑不快。借着下坡的惯性，狐狸会像箭一样扑过去，把兔子按倒在地。更有趣的是，这时狐狸还会学兔子的叫声，听上去就像是两只兔子在嬉戏。其他的兔子不知是计，赶过来看热闹，结果也成了狐狸的囊中之物。

天空的使者
——所有鸟都会飞吗

大多数鸟类都会飞行，少数平胸类鸟不会飞，特别是生活在岛上的鸟，基本上也失去了飞行的能力。不能飞的鸟包括企鹅、鸵鸟、几维(一种新西兰产的无翼鸟)以及绝种的渡渡鸟。当人类或其他的哺乳动物侵入到它们的栖息地时，这些不能飞的鸟类将更容易遭受灭绝之灾，例如大的海雀和新西兰的恐鸟。

纯真善良的天鹅

《诗经》中有“白鸟洁白肥泽”的记载，至今日语中的“白鸟”就是指天鹅。西方文化中，将文人的临终绝笔称为“天鹅绝唱”。天鹅体型大，颈部长，其中体型最大的种类不仅属于体型最大的游禽之列，也是飞禽中体型最大的成员之一。南半球的天鹅体型相对小些。天鹅都是受人类喜爱的水鸟，以形态优雅而著称，常出现于公园之中。天鹅雌雄两性同色或基本同色，北半球的4种天鹅羽毛纯白，其中疣鼻天鹅是天鹅中体态最优雅的，也是体型较大的种类。疣鼻天鹅原产于欧亚大陆，后被引进到北美、南非、澳大利亚和新西兰等很多地区。疣鼻天鹅是天鹅中数量最多的，在欧洲的公园常能见到，但在我国却是3种天鹅中数量最少的。

↓纯真美丽的天鹅

↑笨重的大鸨

“笨重”的飞行者——大鸨

由于体重较重，大鸨平常起飞时需要在地上小跑几步，助跑时头部抬起，嘴向前伸水平位，颈稍弓向前上方倾斜，双翅展开，重心前倾，双脚有节奏地向前大步跨出，随着助跑速度的加快，其扇动双翅的频率也加快，直至双脚离开地面飞起。但在紧急情况时可以直接飞起。飞行时颈、腿伸直，两翅平展，两腿向后伸直于尾羽的下面，翅膀扇动缓慢而有力，飞行高度不算太高，但飞行能力很强，在迁徙的途中常采用翱翔的方式，所以它也是当今世界上最大的飞行鸟类之一。

“杰出的滑翔员”——信天翁

漂泊信天翁的外形很美丽：小巧的脚蹼，修长的翅膀，尖锐的嘴啄，巨大的翼骨。因为重情，所以又被称为“长翼的海上天使”，又因滑翔好，被称为“杰出的滑翔员”。因为双名美誉，更为它添上了奇幻的色彩。与其他信天翁一样，漂泊信天翁也是一种杂食动物。一般重50千克左右，翅比较长，体长110厘米，可翅长却达到了275厘米。羽毛纯白，翅尖却是黑的，每两年脱一次羽。漂泊信天翁善潜水，是最会潜水的信天翁，可以下潜12米深。它的胃也很奇特，会因为天气的变化而改变食物的种类。漂泊信天翁的繁殖力低，一般10岁后产仔（可活30年）。一胎只有一只，其间孵化要78天，看护20天，还要定期喂食，一共365天，相当于一年产一只。

濒临灭绝的珍稀动物
——下一个灭绝的动物是什么

人类，站在生物世界金字塔尖上，对这个蓝色的星球拥有绝对的统治权，无节制地拥有许多生物的生杀大权。然而，在疯狂攫取资源，发展人类自身的同时，其他物种的命运，不再是自然选择，而竟是“物竞人择”。人类的骄横加上残酷大自然的摧残，让一些生物正濒临灭绝。这不仅影响着微妙的自然平衡，还影响着自然给人类安排的道路。

咯咯笑的熊狸

熊狸属于夜行性动物，有时亦在上午活动。曾发现它们与灰叶猴和白颊长臂猿一起活动和觅食。熊狸栖息于热带雨林或季雨林中，尖锐的爪及能抓能缠的尾巴使其在高大树上攀爬自如，能在树枝间跳跃攀爬寻找食物，同时利用尾巴缠绕树枝协助维持平衡。它们的后肢能往后弯曲成很大的角度，以便头朝下从树上爬下来。它们常年生活在树上，是典型的树栖动物。

熊狸晨昏活动较频繁，虽然属于食肉目，但是犬齿不发达，切齿也和其他食肉类不同，主要以果实、鸟卵、小鸟及小型兽类为食。熊狸在受威胁时会变得异常凶猛，而在开心的时候会发出咯咯笑的声音。

蜂猴，分布于云南和广西，数量稀少，濒临绝灭，属国家一级保护动物↓

懒惰的蜂猴

蜂猴，别名懒猴、风猴，属懒猴科。蜂猴可分为9个亚种，中国有2种，分布于云南和广西，数量稀少，濒临灭绝，属国家一级保护动物。白天蜷缩睡觉，行动缓慢，而且只能爬行，不会跳跃，因而又称懒猴。蜂猴动作虽然慢，却也有保护自己的绝招。由于蜂猴一天到晚很少活动，地衣或藻类植物得以不断吸收它身上散发出来的水气和碳酸气，竟在蜂猴身上繁殖、生长，把它严严实实地包裹起来，使它有了和生活环境色彩一致的保护衣，很难被敌害发现。

温顺的亚洲象

亚洲象是亚洲大陆现存最大的动物，一般身高约3.2米，重可超5吨。亚洲象是列入《国际濒危物种贸易公约》濒危物种之一的动物，也是我国一级野生保护动物，我国境内现仅存300余头。

人类对土地的侵占导致亚洲象栖息地的丧失，这也成为亚洲象生存的最大威胁。农民认为它是有害动物而捕杀。盗猎以获取象牙也是威胁之一，但因为亚洲象只有雄性才长象牙，故不似非洲象所受盗猎威胁那么严重。但是随着技术的不断创新，传统对圈养亚洲象的利用如伐木等越来越少，圈养亚洲象也无用武之地，许多原大象的饲养者不得不带着大象在街头乞讨为生。还有一些亚洲象因为事故、受伤或虐待而死，或无法获得充分的照顾。

亚洲象比非洲象温顺且体型较小，很容易被人驯化。

←亚洲象

可爱的动物
——动物界中的“乖宝宝”

在广阔的大自然里，生活着各种各样奇妙有趣的动物。它们有的憨态可掬，捧着美味尽情享受；有的身材圆润，行动迟缓；有的心灵嘴巧，能编出漂亮的小“靴子”；有的诙谐幽默，让人捧腹；有的聪明伶俐，惹人喜爱……

黑眼圈的国宝

大熊猫起源于900万年以前，历经自然历史的变迁而顽强生存到了现在，成为人类的朋友和邻居，并演变成了以竹为食的非凡家族。它那毛茸茸、黑白相间的亮丽外表，憨态可掬、温驯善良的形象和独具魅力的风采及奇特秉性，以及独有的黑眼圈，深受世界人民的喜爱，成为和平友好的使者。大熊猫作为自然界一种现存的早期生物，对研究自然界及其生物的演化过程有极高的科学研究价值，使世界不少学者倾其毕生精力以求取得特殊意义的突破。如何保护好这一濒危物种，使其繁衍生存下去，是所有大熊猫科研保护机构的神圣使命，也是全人类的共同责任。

大熊猫为什么有黑眼圈？为什么体内会有专门消化竹子的酶？所有这些对现代人来说都还是个谜。不过大熊猫的这些秘密，都有望通过基因组研究一步步揭开。目前，科学家们对大熊猫的发育细节、营养均衡、生殖繁育、疾病防治等还只是初步认识，通过基因组测序项目，可以为这些研究提供更加科学的依据。

天然呆的企鹅

企鹅是地球上数一数二的可爱动物。和鸵鸟一样，企鹅是一群不会飞的鸟类。虽然现在的企鹅不能飞，但根据化石显示的资料，最早的企鹅是能够飞的。直到65万年前，它们的翅膀慢慢演化成能够下水游泳的鳍肢，成为目前我们所看到的企鹅。企鹅身体肥胖，它的原名是“肥胖的鸟”。但是因为它们经常在岸边伸立远眺，好像在企望着什么，看上去呆呆的样子，因此人们便把这种肥胖的鸟叫作企鹅。

企鹅性情憨厚、大方，十分逗人。尽管企鹅的外表显得有点高傲，甚至盛气凌人，但是，当人们靠近它们时，它们并不望人而逃，有时好像若无其事，有时好像羞羞答答，不知所措，有时又东张西望，交头接耳，唧唧喳喳。那种憨厚并带有几分傻劲的神态，真是惹人发笑，也许，它们很少见到人，是一种好奇的心理使然吧。

企鹅不会飞，善游泳。在陆上行走时，行动笨拙，脚掌着地，身体直立，依靠尾巴和翅膀维持平衡。遇到紧急情况时，能够迅速卧倒，舒展两翅，在冰雪上匍匐前进；有时还可在冰雪的悬崖、斜坡上，以尾和翅掌握方向，迅速滑行。

懒得逃命的懒小子

树懒是少有的身上长有植物的野生动物，它虽然有脚但是却不能走路，靠的是前肢拖动身体前行。所以它要移动2千米的距离，需要用时1个月。尽管如此，在水里它却是游泳健将，对于树懒来说最好的食物是低热量的树叶，吃上一点要用好几个小时来消化。人们往往把行动缓慢比喻成乌龟爬，其实树懒比乌龟爬得还要慢。树懒生活在南美洲茂密的热带森林中，一生不见阳光，每周在排便的时候才下树，以树叶、嫩芽和果实为食，吃饱了就倒吊在树枝上睡懒觉，可以说是以树为家。

树懒是一种懒得出奇的哺乳动物，什么事都懒得做，甚至懒得去吃，懒得去玩耍，能耐饥一个月以上，非得活动不可时，动作也是懒洋洋的极其迟缓。就连被人追赶、捕捉时，也好像若无其事似的，慢吞吞地爬行。像这样，面临危险的时刻，其逃跑的速度还超不过0.2米／秒。

“自强”的动物
——自然界中的“自由膨胀者”

食肉动物暗中寻找目标，被捕食者需要采取保护措施。这些道理众所周知：要想得到你想要的，你就必须变得更强大。下面几种动物拥有同样的武器：当它们遇到危险时，确实能通过增大自己的体积来威慑对方。

蛇中之王——眼镜蛇

蛇显然非常危险，但是毒蛇更危险，眼镜蛇会让面对它的任何人或动物相信：他们陷入了大麻烦中。在眼镜蛇因受刺激直立起来时，它脖子里的肌肉会像“头罩”一样展开，从视觉上增大头部的体积。从某种程度上来说，一些眼镜蛇其实是画蛇添足，它们的“头罩”上长着眼状斑纹，虽然从远处看蛇的脑袋显得更大，但是从近处一眼就能看出那是假的，不过这时就太迟了。

憨态可掬的海象

海象非常大，最大的海象体长22.5英尺(6.9米)，重达1.1万磅(5000千克)。在陆地上行动笨拙的海象，更擅长生活在海洋里，进入水中的它们如鱼得水，行动非常灵活、优雅。海象游得很快，因为在

海象→

海洋里有很多食肉动物喜欢吃它们，例如大白鲨和其他大型鲨鱼。但是雄海象会通过展示自己的庞大身体和声音，来迎击对手的挑衅。它们会通过鼓鼻子，让自己看起来更有威胁性。这一招有时还真管用，甚至会在对手发起致命攻击前，把它吓跑。

不容易接近的刺鲀鱼

刺鲀鱼想让自己看起来更大、更凶猛时，会大口大口地喝水。一些种类的鲀鱼在膨胀时，成排的刺毛会竖起来，这一特点让它们比其他类型的鲀鱼更强一些。尽管如此，对小鱼来说，海洋环境仍是凶险重重。即使看起来像一个长满刺的球，它们仍无法阻止大鲨鱼的进攻，海洋中到处都有鲨鱼。这也是一些鲀鱼增加有毒保护层的原因。事实上刺鲀鱼是地球上毒性位居第二的脊椎动物，毒性仅次于黄金箭毒蛙。

长满“肉瘤”的蟾蜍

蟾蜍身上长着很多肉瘤，非常丑陋难看。然而对食肉动物来说，看起来难看并不会影响蟾蜍吃起来的味道。虽然人类几乎都会像躲避瘟疫一样躲开它们，但是其他小型到中型动物都喜欢捕食它们，例如其他体型更大的蟾蜍。蟾蜍通过吸气，让身体膨胀起来，并用四条腿把身体撑起来，让自己看起来更大，来威慑攻击者。澳大利亚的甘蔗蟾蜍用来防御敌人的武器具有毒性。据说这是它们臭名昭著的主要原因：试图吃甘蔗蟾蜍的大型哺乳动物，会弄得满嘴都是蟾蜍毒液，最初它们会食之无味，最后会一命呜呼。

有“红色围巾”的雄性军舰鸟

军舰鸟在热带地区筑巢，生活在那里它们很容易找到食物，例如鱼和小海龟等海洋生物。雄军舰鸟会向“女士们”展示它们胸部的鲜红色“喉囊”，通过充气，雌军舰鸟会认为它们的喉囊很耀眼，很美观。雌鸟没有这种喉囊，只有一些白色羽毛。军舰鸟还会通过骚扰其他带着猎物归来的海鸟而获得食物。通过对其他正在飞行的鸟儿进行干扰，它们经常会得到从其他海鸟嘴里掉落下来的食物。

图说经典百科

第七章　趣味植物

——鲜为人知的秘密生活

人类对植物的认识最早可以追溯到旧石器时代，人类在寻找食物的过程中采集了植物的种子、茎、根和果实。1593年中国明朝的李时珍完成了《本草纲目》的编写，全书收录植物药881种，附录61种，共942种，再加上具名未用植物153种，共计1095种，占全部药物总数的58%。李时珍把植物分为草部、谷部、菜部、果部、本部五部，又把草部分为山草、芳草、湿草、毒草、蔓草、水草、石草、苔草、杂草等九类。人们一直未停止过追寻植物神秘面纱的脚步。

奇趣无穷的植物世界
——植物的生活习性

在我们周围，生存着种类繁多、数量庞大的植物，它们生活习性非常复杂，有水生的，也有旱生的；有直立的，也有攀援的；有群居的，也有寄生的；有孢子繁殖的，也有种子繁殖的。它们在许多方面都与人很相似：一年长一岁，它们也有智慧、有血型、有喜怒哀乐，有的爱听音乐、有的嗜酒如命、有的疾恶如仇、有的善于伪装、有的温顺、有的脾气暴躁……为了适应环境，在漫长的年代里，它们不断产生变异，通过自然选择，形成了这个千奇百怪、奇趣无穷的植物世界。

秋天为什么会落叶

当秋天悄然来临的时候，空气变得干燥起来，树叶里的水分通过叶表面的很多空隙大量蒸发，同时，由于天气变冷，树根的作用减弱，从地下吸收的水分减少，使得水分供不应求。如果这样下去，树木就会很快枯死，为了继续生存下去，在树叶柄和树枝相连处将形成离层，离层形成以后，稍有微风吹动，便会断裂，于是树叶就飘落下来了，水分不再往树叶输送。树叶脱落以后，剩下光秃秃的枝干，树木对水分的消耗减少了，使得树木可以安全地过冬了，所以树木落叶也是有益的。

仔细观察后，你将发现：秋天的时候，越是挂在树梢的叶子越是最后落下。这是因为树木在生长的过程中，总是力求向更大的空间发展，因此它总是将大量的营养成分痛痛快快地输送到树枝里，好让树枝更快地向外生长。树梢在树体营养的供应下，一节节地向上长，向上生长的过程里又不断地长出新叶，这些新叶担当大树制造“口粮”的任务。树梢一直享受着营养充足的待遇，当大树不再提供营养，其他的部分差不多都落叶的时候，树梢还能靠以前的“储蓄”使短期内叶绿素不遭到破坏。这样枝梢的叶子就是大树上最后落下来的叶子了。

植物有性别吗

当你欣赏着鲜艳的花朵时，你会意识到所欣赏的花蕊是植物的两性生殖器官——柱头和花药吗？沿着柱头下去就是子宫，相当于雌性器官；花药是雄性器官，藏着成千上万个花粉。以上所描述的是一朵花中包含有两种生殖器官，它们属于两性花。像月季、百合、玉兰等都是两性花，属于雌雄同株同花类的植物。

还有一些植物，如玉米、南瓜、马尾松等在同株植物上形成两种性别的花，属于雌雄同株异花类植物。但对于杨、柳、银杏、罗汉松等，则有明显的雌树和雄树之分了。雄树上形成雄性的花器官，雌树上形成雌性的花器官。

在植物中还存在着有趣的性别转换现象。天南星科的一些植物，春天发芽长枝，开出雄花；过了几年，它厌倦了当“父亲”的生活，又摇身一变，做起了“母亲”；而不久又重新变成了雄花，当上了“父亲”。半夏的肉穗花序下部为雌花，上部为雄花，轮流发育，是典型的“对性不专一”的植物。

植物有年龄吗

树木在春天到夏天这段时间内，树皮内形成的细胞快速地增加；秋天到冬天这段时间内，细胞增加减慢。所以，植物在春夏之间成长的部分比较柔软，而且较宽厚；在秋冬之间生长的部分较窄而硬。随着树木一年年的长粗，也就这样形成了年轮。

年轮的宽窄疏密，不仅反映了树木生长的速度、木材的年生长量和质地优劣，而且记录了气候变化的情况。气候温和，年轮则宽疏均匀；气候持续高温，年轮就特别宽疏；气候寒冷，年轮则狭窄；气候特别寒冷，年轮更为窄密。年轮又向你报告了大气污染的状况。当大气受到污染时，年轮里就储藏了污染的物质。我们通过光谱分析，可以测知年轮里历年积累下来的重金属的含量，就可以测知该矿物质对大气污染的程度。

一般树木大多是双子叶植物。单子叶植物茎的构造和双子叶植物有很大的区别，最主要的区别就是单子叶植物的茎没有形成层，所以单子叶的如竹子、小麦、水稻、高粱、玉米等等是不会有年轮的。

没有神经、没有感觉的“生物”

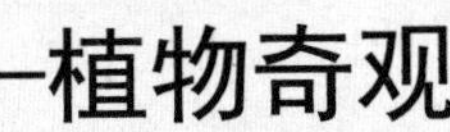

——植物奇观

植物学家在研究植物树干增粗速度时发现，它们都有着自己独特的“情感世界”，还具有明显的规律性。植物树干有类似人类“脉搏”一张一缩跳动的奇异现象，或许有一些人会问，植物的“脉搏”究竟是怎么回事？经过精确的测量，科学家发现：如此奇怪的脉搏现象，是植物体内水分运动引起的，当植物根部吸收水分与叶面蒸腾的水分一样多时，树干基本上不会发生粗细变化。但如果吸收的水分超过蒸腾水分时，树干就要增粗；相反，在缺水时树干就会收缩。

最粗的甜栗树

在欧洲有这样一个有趣的传说：古代阿拉伯国王和王后，一次带领百骑人马，到地中海的西西里岛的埃特纳山游览，忽然天下大雨，百骑人马连忙躲避到一棵大栗树下，树荫正好给他们遮住雨。因此，国王把这棵大栗树命名为“百骑大栗树”。

在西西里岛的埃特纳山边，有一棵叫“百马树”的大栗树，树干的周长竟有55米左右，直径竟然达到17.5米，需30多个人手拉着手，才能围住它。即使是赫赫有名的非洲猴面包树和其相比，也只不过是小巫见大巫。树下部有大洞，采栗的人把那里当宿舍或仓库用。这的确是世界上最粗的树。

栗树的果实栗子，是一种人们喜爱的食物，它含丰富的淀粉、蛋白质和糖分，营养价值很高，无论生食、炒食、煮食、烹调做菜都适宜，不仅味甜可口，又有治脾补肝、强壮身体的医疗作用。

陆地上最长的植物

在非洲的热带森林里，生长着参天巨树和奇花异草，也有绊你跌跤的“鬼索”，这就是在大树周围缠绕成无数圈圈的白藤。

白藤也叫省藤，中国云南也有分布。藤椅、藤床、藤篮、藤书架等，都是以白藤为原料加工制成的。

白藤茎干一般很细，有的有小酒盅口那样粗，有的还要细些。它的顶部长着一束羽毛状的叶，叶面长尖刺。茎的上部直到茎梢又长又结实，也长满又大又尖往下弯的硬刺。它像一根带刺的长鞭，随风摇摆，一碰上大树，就紧紧地攀住树干不放，并很快长出一束又一束新叶。接着它就顺着树干继续往上爬，而下部的叶子则逐渐脱落。白藤爬上大树顶后，还是一个劲地长，可是已经没有什么可以攀缘的了，于是它那越来越长的茎就往下坠，把大树当作支柱，在大树周围缠绕成无数怪圈圈。

白藤从根部到顶部，可达300米，比世界上最高的桉树还长一倍。白藤长度的最高纪录竟达400米。

会流血的麒麟血藤

一般树木，在损伤之后，流出的树液是无色透明的。有些树木如橡胶树、牛奶树等可以流出白色的乳液，但你恐怕不知道，有些树木竟能流出“血”来。

我国广东、台湾一带，生长着一种多年生藤本植物，叫作麒麟血藤。它通常像蛇一样缠绕在其他树木上。它的茎可以长达10余米。如果把它砍断或切开一个口子，就会有像“血”一样的树脂流出来，干后凝结成血块状的东西。这是很珍贵的中药，称为“血竭”或“麒麟竭”。经分析，血竭中含有鞣质、还原性糖和树脂类的物质，可治疗筋骨疼痛，并有散气、去痛、祛风、通经活血之效。

麒麟血藤属棕榈科省藤属。其叶为羽状复叶，小叶为线状披针形，上有三条纵行的脉。果实卵球形，外有光亮的黄色鳞片。除茎之外，果实也可流出血样的树脂。

无独有偶。在我国西双版纳的热带雨林中还生长着一种很普遍的树，叫龙血树，当它受伤之后，也会流出一种紫红色的树脂，把受伤部分染红，这块被染的坏死木，在中药里也称为“血竭”或“麒麟竭”，与麒麟血藤所产的“血竭”具有同样的功效。

植物中的“国宝”
——珍稀植物

生物多样性的特点决定了自然界充满了许多神奇的物种，植物界当然也不例外。在全球范围内，奇异的植物可谓数不胜数，比如“活化石”半日花、巨花马兜铃和泰坦魔芋花……

“活化石”——半日花

在内蒙古西鄂尔多斯自然保护区内现已查明有野生植物335种，其中特有古老残遗种及其他濒危植物72种，占保护区全部植物的21.5%，其中半日花被列为国家重点保护植物，并录入中国生物多样性保护行动计划植物种优先保护目录，被学术界称为“活化石”，为内蒙古一级濒危珍稀保护植物。

半日花科，双子叶植物，共8属，约200种，大部分分布于北温带，常生于干旱、阳光强烈的地区，有些供庭园观赏用，我国只有半日花属1属，1种。

巨花马兜铃

巨花马兜铃的奇特之处在于它们美丽而怪异的花朵，它属马兜铃科大型木质藤本常绿植物，因其花朵特大，成熟的果实像挂在马脖子底下的铃铛而得名。巨花马兜铃和猪笼草、捕蝇草等食虫植物不同，它不仅捕捉昆虫，还能养着昆虫，帮助其传粉而不伤害昆虫。巨花马兜铃的奇特之处不仅在于它们美丽而怪异的花朵，不像普通的花朵具有对称的花瓣，而且尤其奇异的是它的形态结构非常独特，花朵基部有一个膨大的囊，囊中既有雌蕊又有雄蕊，但雌蕊先于雄蕊一天成熟，因此不能进行自花授粉，必须靠昆虫进行异花授粉。巨花马兜铃花朵散发出来的怪异味道和花瓣的斑点能引诱穿梭于花丛之中的昆虫进入囊中，由于内壁布满了倒毛，因此昆虫一旦进入囊中就失去自由。雄蕊成熟后花药破裂散出花粉，这时花朵内壁的倒毛萎缩变软，满身沾满花粉的昆虫就可以飞离囊中，带着满身的花粉飞向另一个刚刚开放的花朵，将花粉传到柱头上。

巨花马兜铃在西双版纳热带植物园里只有一个种，花期自每年的2月底持续到11月中旬，4—6月是盛花期。它的种子很小，一般很难发现，通过扦插繁殖的成活率不高，因此种苗极为稀少，目前在城市绿化中还没有得到运用。

泰坦魔芋花

泰坦魔芋寿命长达数十年，可是开花的时间却很短，顶多数日，然后长出果实后，很快就枯萎，所以很难看到它的踪迹。它会发出一种令人作呕如尸肉腐败的味道，因此，又称之为尸花。

泰坦魔芋花冠其实是肉穗花序的总苞——天南星科植物特有的“佛焰苞”，花蕊其实是肉穗花序。它有着类似马铃薯一样的根茎。等到花冠展开后，呈红紫色的花朵将持续开放几天的时间，散发出的尸臭味也会急剧增加。

当花朵凋落后，这株植物就又一次进入了休眠期。而它散发出的像臭袜子或者腐烂尸体的味道，是想吸引苍蝇和以吃腐肉为生的甲虫前来授粉。它非常艳丽，比你能想象到的任何东西都要美，这种美得出奇的花朵确确实实是生长在这个星球上的，而且现在依然还存在于世界之中。

扩展阅读

·我国珍稀植物种类·

我国珍稀濒危植物包括三类，即濒危种类、渐危种类和稀有种类。濒危种类指那些在整个分布区或分布区的重要地带，处于灭绝危险中的植物。渐危（即脆弱或受威胁）种类指那些由于人为的或自然的原因，在可以预见的将来很可能成为濒危的植物。稀有种类指那些并不立即就有灭绝危险的、特有的单种属或少种属的代表植物。稀有种类的分布区有限，居群不多，植株也较稀少；或者虽有较大的分布范围，但零星存在。

图说经典百科

第八章　火山和冰川

——地球忽冷忽热的“坏脾气”

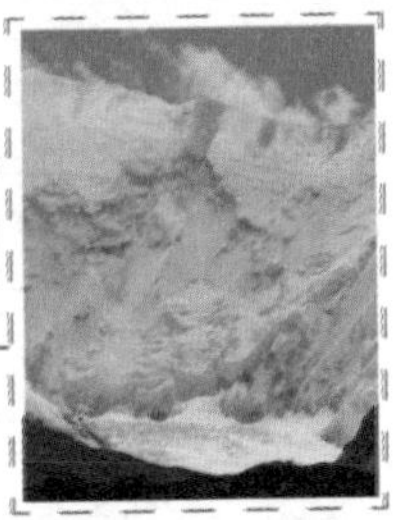

在欧洲最西部有一个国家，北边紧贴北极圈，1/8被冰川覆盖，冰川面积占8000平方千米，同时这个国家还有200—300多座火山，以“极圈火岛”之名著称，有40—50座活火山。几乎整个国家都建立在火山岩石上，大部分土地不能开垦，这个国家就是被称为“冰火之国”的冰岛。在我们的地球上，火山与冰川——地球那忽冷忽热的“坏脾气”，总是让人捉摸不定。

来自地球深处的“一把火”
——追踪火山之谜

每当世界上发生大规模火山爆发事件时，人们总是感到无比的恐慌，面对这种自然灾难的侵袭，人们马上会想到一些耳熟能详的语汇——猛烈、狂暴、可怖。面对喷涌的火山，我们禁不住要问，发生在身边的火山爆发究竟有着怎样的神秘面纱？

火山是怎么形成的

地表下面，越深温度越高。在距离地面大约32千米的深处，温度之高足以熔化大部分岩石。岩石熔化时膨胀，需要更大的空间。世界的某些地区，山脉在隆起。这些正在上升的山脉下面的压力在变小，这些山脉下面可能正在形成一个熔岩（也叫“岩浆”）库。

这种物质沿着隆起造成的裂痕上升，熔岩库里的压力大于它上面的岩石顶盖的压力时，便向外迸发成为一座火山。

海底有火山吗

1963年11月15日，在北大西洋冰岛以南32千米处，海面下130米的海底火山突然爆发，喷出的火

↓海底火山爆发引发岩浆外流

山灰和水汽柱高达数百米，在喷发高潮时，火山灰烟尘被冲到几千米的高空。经过一天一夜后，人们发现从海里长出了一个小岛，高约40米，长约550米。海面的波浪拍打冲走了许多堆积在小岛附近的火山灰和多孔的泡沫石，火山在不停地喷发，熔岩如注般地涌出，小岛在不断地扩大长高，到1964年11月底，新生的火山岛已经长到海拔170米高，1700米长了，这就是苏尔特塞岛。

海底火山的分布相当广泛，大洋底散布的许多圆锥山都是它们的杰作，火山喷发后留下的山体都是圆锥形状。据统计，全世界共有海底火山2万多座，太平洋就拥有一半以上。

复活的死火山

按活动情况分类，火山分为死火山、活火山和休眠火山。一般来说，只有活火山才会发生喷发。正在喷发和预期可能再次喷发的火山，当然可称为活火山。而那些休眠火山，即使是活的但不是现在就要喷发，而在将来可能再次喷发的火山也可称为活火山。那些其最后一次喷发距今已很久远，并被证明在可预见的将来不会发生喷发的火山，称为熄灭的火山或死火山。

根据哪些准则来判断一座火山的“死”或“活”，迄今并没有一种严格而科学的标准，火山的“死”或“活”是相对的。有一些在1万年甚至更长时期以来没有发生过喷发的“死”火山，也可能由于深部构造或岩浆活动而导致重新复活而喷发。例如中国五大连池火山群中，大部分火山是在10万年前喷发的，但是其中的老黑山火山和火烧山火山却是在公元1719—1721年喷发形成的。

最是熔岩橘红时

——细数火山之最

地球上火山的数目是惊人的——世界上有超过500座“活”火山，“休眠”火山的数目与之相仿，还有很多火山被认为已经“死去”。世界上最小的火山在哪里？世界上最大的火山又是谁？火山有多少世界之最，你知道吗？

世界上最低的活火山

母子火山——塔尔火山是世界上最低的活火山。

塔尔火山是一个十分奇特的火山，在它的火山口湖中，有一个小火山，就像袋鼠妈妈的育儿袋中还有一只活泼可爱的小袋鼠一样。塔尔火山和它的“爱子”一起构成“母子”火山。

这个有趣的火山就在菲律宾的吕宋岛上。塔尔火山顶上的火山口有25千米长，15千米宽，面积约300平方千米。火山口中积聚了不少水，形成了一个火山口湖，叫“塔尔湖”。塔尔火山的“爱子”，就是塔尔湖中的小火山，名叫“武耳卡诺”。

↓塔尔火山岛

世界上最大的火山

冒纳罗亚火山是夏威夷海岛上的一个活跃盾状活火山，山顶的大火山口叫莫卡维奥维奥，意思为“火烧岛”，高约4200米。不断倾泻的大量熔岩，使该山逐渐变大。人们把这些熔岩称为“伟大的建筑师”。火山爆发带来周期性和毁灭性破坏，凡岩浆流经之处，森林焚毁，房屋倒塌，交通断绝。岛上第二大火山是基拉韦厄，该山高约3300米。山顶为一茶碟形火山口盆地，盆地内的赫尔莫莫火山口，意为“永恒火宫”，最为著名。该火山口中的熔岩经常如潮汐般涨落。当火山爆发时，熔岩不仅从火山口，也从岩层缝中溢出，橘红色的熔岩巨流，温度高达2000℃，就像一条伏卧而行的火龙，景象十分壮观。

世界上最南端的火山

1841年1月9日，詹姆斯·克拉克·罗斯和弗朗西兹·克劳齐尔乘着他们的皇家海军“埃里伯斯”号和“坦洛”号航船浮现在冰群中，进入罗斯海的辽阔水域。三天后，他们看到了一座非常壮观的山脉，其最高峰海拔2438米。罗斯称该山为阿德默勒尔蒂山脉。航船顺着山脉的方向继续南行，1841年1月28日，根据“埃里伯斯”号的外科医生罗伯特·麦考密克的记载，他们惊讶地看到“一座处于高度活跃状态的巨大火山”。这座火山就取名为埃里伯斯火山。

这座火山冒出了大量火焰和烟尘，景色非常壮观。在如此冰天雪地的世界里，竟能看到一座热气腾腾的活火山，这是人们未曾想到的。它处在南纬77°33′、东经167°10′的冰雪之乡，是地球最南端的火山。

地球最冷的地方
——极地传说

南极和北极都是地球上最冷的地方，在那个寒风呼啸的冰雪世界里，美丽的极光缔造出多少动人的传说；现实中，又有多少人前去探险，经历过多少艰难困苦，终于将人类文明的旗帜插在了坚硬的冰层上……

关于极光的美丽传说

相传公元前两千多年的一天，随着夕阳西沉，夜将所有的一切全都掩盖起来。一个名叫附宝的年轻女子独自坐在旷野上，夜空像无边无际的大海。天空中，群星闪闪烁烁，突然，在大熊星座中，飘洒出一缕彩虹般的神奇光带，如烟似雾，摇曳不定，时动时静，像行云流水，最后化成一个很大的光环，萦绕在北斗星的周围。此时，环的亮度急剧增强，好像皓月悬挂当空，向大地泻下一片淡银色的光华，映亮了整个原野。四下里万物都清晰分明，形影可见，一切都成为活生生的了。附宝见此情景，心中不禁为之一动，由此便身怀六甲，生下了个儿子。这男孩就是黄帝轩辕氏。以上所述可能是世界上关于极光的最古老神话传说之一。

谁第一个到达北极点

54岁的皮尔里从哥伦比亚岬地出发，组织了补给队，挑选了4个

↓爱斯基摩人

↑南极企鹅

最强壮的爱斯基摩人，加上仆人马休·汉森和他自己，组成了一个向极点冲刺的突击队。5部雪橇载着6位队员，由40只狗拉引着向北极前进。他们越过了240千米冰原，到达了离北极还有8千米的地方。这里是北纬89° 57'。多少年来无数探险家们企盼的北极点已经遥遥在望了。终于临近了梦寐以求的北极点，他们一鼓作气登上了北极点。北极点没有陆地，而是结了坚冰的海洋。他们在这里插上美国国旗，国旗的一角上写着："1909年4月6日，抵达北纬90° 。皮尔里"。

南极为何比北极冷

南极和北极都是地球上最冷的地方，一年到头都是寒风呼啸，气温很低，以致那里冰天雪地，成为一个银白色的世界。但这两处比较起来，南极常年呈冰川状态的冰要比北极多得多。

据考察，南极平均冰层厚度约1700米，最厚的地方超过4000米，冰山总体积约2800万立方千米，所以被称为"冰雪世界"；而在北极地区，冰川的分布面积要比南极小得多。冰层厚度一般约2—4米，冰川的总体积，不到南极的1／10。南极地区是一块很大的陆地，面积约1400万平方千米，号称世界"第七大陆"，陆地储热能力差，夏季获得的太阳热量，很快就辐射掉了。而北极地区北冰洋占去了很大面积，约1310万平方千米，水的热容量大，能够吸收较多的热量，然后慢慢释放出来。

因此，南极的天气比北极还要冷。南极是世界上最冷的陆地。

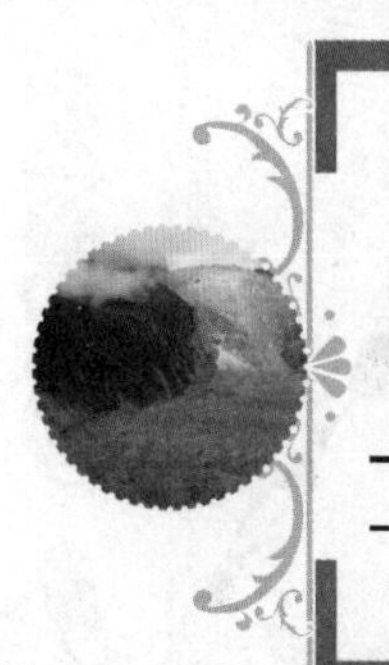

自然界的鬼斧神工
——冰川地貌

地貌是不断发展变化的，地貌发展变化的物质过程称地貌过程，包括内力过程和外力过程。内力和外力是塑造地貌的两种营力，地貌是内力过程与外力过程对立统一的产物。而冰川的运动包含内部的运动和底部的滑动两部分，通过侵蚀、搬运、堆积来塑造各种冰川地貌。

冰川堆积地貌

冰川沉积包括3类：冰川冰沉积，冰川冰与冰水共同作用形成的冰川接触沉积，以及冰河、冰湖或冰海形成的冰水沉积。这些沉积物在地貌上组成形形色色的终碛垄、侧碛垄、冰碛丘陵、槽碛、鼓丘、蛇形丘、冰砾阜、冰水外冲平原和冰水阶地等。

终碛、侧碛和冰碛丘陵

终碛和侧碛是在冰川末端与边沿堆积起来的冰碛垄，标志着古冰川曾达到的位置和规模。冰川前进时形成的终碛垄规模一般很大，高数十米至二三百米，其组成物质常包括相当数量的冰期前河相或湖相沉积。它们是冰舌前进时被推挤集中起来的，剖面上常出现逆掩断层、褶曲或焰式构造，故属变形冰碛。以这种变形冰碛为基础的终碛垄又被专门命名为推碛垄，属前进型终碛。如果几次冰进达到同一位

↓阿根廷冰川(冰碛地貌)

↑海螺沟冰川（冰川侵蚀地貌）

置，终碛叠加变高形成锥形终碛。冰川后退时形成一系列规模较小的冰退终碛，一般比较低矮，不易出现包含变形冰碛的推碛垄。大陆冰盖的终碛可连续延伸几百千米，曲率很小。山谷冰川的终碛曲率很大，向上游过渡为冰舌两侧的侧碛。侧碛在山岳冰川地区是比终碛更易保存的堆积形态。它们分布范围广，不易被冰水河流破坏。在谷坡上往往有高度不同的多列侧碛。冰碛丘陵是冰川消失时由冰面、冰内和冰下碎屑降落到底碛之上，所形成的不规则丘陵地形。它指示冰川的停滞或迅速消亡，广泛发育于大陆冰盖地区，高数十或数百米。在山岳冰川区其规模较小，中国西藏波密地区古冰川谷底有冰碛丘陵，最高者为30—40米。

冰水平原和冰水阶地

冰源河的流量有很大的日变化与季节变化，冰源河的泥沙负载量又很高，导致了冰川外围地区强烈的加积，形成顶端厚、向外变薄的扇形冰水堆积体，称为冰水扇。在大陆冰盖外围有许多冰水扇联合成外冲冰水平原，在山谷冰川地区联合成谷地冰水平原。谷地冰水平原在后期被切割则成冰水阶地，冰水阶地向下游倾斜较急并逐渐尖灭，故是典型的气候阶地。由于水流很急，冰水平原的组成物质粗大而缺乏分选，沙砾层中常夹有大漂砾，并有许多锅穴。

冰川侵蚀地貌

纯粹的冰川冰是缺乏侵蚀力量的，因为它的强度很低。但是，冰川冰总是含有数量不等的岩屑，它们是冰川进行磨蚀和压碎作用的工具。另外，处于压力融点的冰川冰和冰床之间的应力时有变化，导致融冰水的再冻结和促进拔蚀作用。磨蚀和压碎作

用形成以粉砂为主的细颗粒物质，拔蚀则产生巨大的岩块和漂砾。通过这些作用将冰川塑造出小到擦痕、磨光面，大到冰斗、槽谷、岩盆等冰川侵蚀地貌。

擦痕、磨光面和羊背岩

冰川擦痕是古冰川地区基岩表面最常见的冰川侵蚀微形态。它们是底部冰中岩屑在基岩上刻画的结果，具有指示冰流方向的意义。擦痕形状多样、大小不一，有细到肉眼难辨的擦痕，也有延伸数米至数十米的冰川擦槽。同一基岩面上出现几组擦痕，说明冰流方向曾发生变化；相邻地方擦痕方向不同则表示冰川底部流向的局部变化。冰川磨光面是由细小岩屑（如砂和粉砂）在质地致密的基岩面上长期磨蚀形成，实际是由密集的擦痕组成的。羊背岩是冰川侵蚀岩床造成的石质小丘。它们大体顺冰川流向成群分布，长轴数米至数百米不等，有时大的羊背岩上叠加小的羊背岩。羊背岩反映冰川侵蚀的主要机制，它的迎冰面坡长而平缓光滑，是磨蚀作用造成的；背冰面陡峭、参差不齐，是冰川拔蚀作用的产物。如果羊背岩的迎冰面和背冰面都发育成流线型，便名鲸背岩。羊背岩地形主要出现在结晶岩地区。

冰川谷和峡湾

冰川谷是冰川作用区最明显的冰蚀地貌类型之一。典型的形状是槽谷，故亦称冰川槽谷或U形谷。近来大量实测资料表明，大多数冰川谷的横剖面是抛物线形，U形的出现主要与谷底被冰碛和冰水沉积充填有关。槽谷在山岳冰川地区分布在雪线之下，源头和两侧被冰斗包围，主、支冰川汇合处易形成悬谷。槽谷两侧一般具有明显的槽谷肩和冰蚀三角面。槽谷底部常见冰阶（岩槛）与岩盆，两者交替出现，积水成为串珠状湖泊。大的冰阶形成冰瀑布，如贡嘎山海螺沟冰川有高达千米的冰瀑布。大陆冰盖或高原冰帽之下也有槽谷，这种槽谷上源没有粒雪盆，曾被称为冰岛型槽谷。中国川西高原也有这种槽谷。峡湾是一种特殊形式的槽谷，为海侵后被淹没的冰川槽谷。大陆冰盖或岛屿冰帽入海处常形成很深的峡湾，如挪威西海岸的峡湾就以风光绮丽闻名于世。

“哭泣”的冰川
——冰川消融

不久前，海洋摄影师和环保讲师迈克尔·诺兰在挪威北极圈内拍摄到冰川融化坍塌的瞬间。让人惊诧的是，冰川断开时呈现出一张“哭泣的脸”。这张照片中的可怕面孔似乎在警示人们，全球变暖等环境问题令人担忧，连大自然都在为之哭泣。而近几十年来来自世界各地的资料表明，全球冰川正在以有记录以来的最大速率在世界越来越多的地区融化着。

北极熊越来越小

有科学家在对比了近300具北极熊颅骨后发现，在过去的100多年里，北极熊颅骨尺寸缩减的幅度在2%—9%之间。科学家据此推断，现存北极熊的躯体相较于它们的祖先已经缩小，并认为这种现象与北极地区的冰层消融和污染加重有关。

全球气候变暖导致的北极冰层消融，使北极熊在觅食过程中难以找到一块立足之冰，不得不长时间浸泡在冰冷的海水里。北极近年来还受到杀虫剂、冷却剂、溶剂和黏合剂等化学物质的污染，使得处在食物链顶端的北极熊成为“中毒”最深的动物，并且通过哺乳把这些毒素又传给后代，进而影响了北极熊的健康及生育平衡。

没有冰川是什么样子

关于失去冰山之后对人类社会带来的影响，有人设想：

“世界各地的滑雪爱好者将失去阿尔卑斯山，世界杯滑雪赛将成为滑水比赛。

“格陵兰岛西部的猎人们放弃传统的狗拉雪橇并使用船来运输。一些依靠放牧驯鹿为生的当地居民失业了，因为驯鹿再无苔藓可吃，数量大减。

“泰坦尼克号们再也撞不到冰

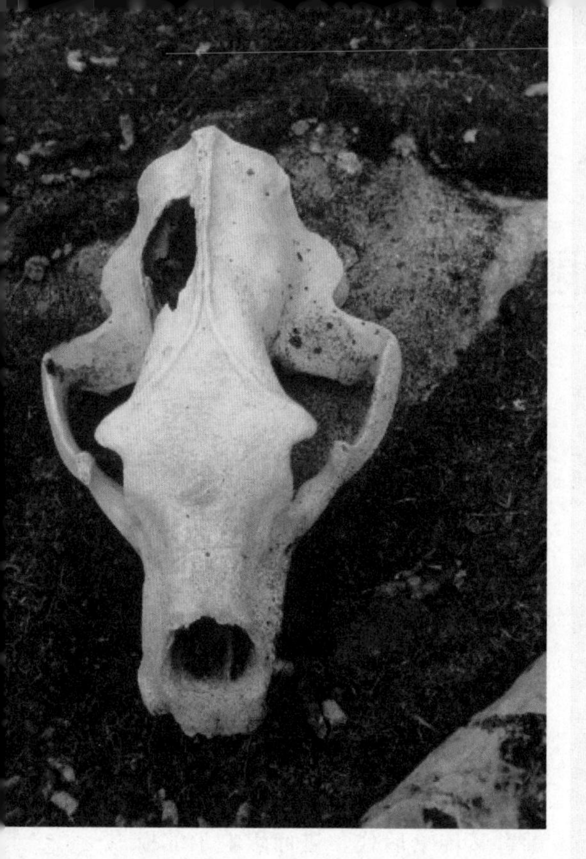

←北极熊颅骨缩小警示着冰川正在不断地消融

山了。

“海拔从几米到几十米之内的东京、神户、横滨、大阪、名古屋、福冈，都会变成水下乐园。其中最著名的游乐项目，将是‘水漫富士山’。

“被称为‘亚洲水塔’的喜马拉雅山区冰川蒸发，印度的印度河、恒河和布拉马普特拉河变成夏季干涸的季节性河流。印度的主要粮仓得不到灌溉，近5亿印度人食不果腹。

“继图瓦卢和马尔代夫之后，更多以海洋风情为特色的国家将不得不放弃家园，‘搬迁’到高原地区。

“中国14座沿海开放城市将全部沦陷，大连、天津、青岛、上海、杭州、厦门、广州、香港、澳门和深圳等城市将变成上半身是城、下半身是海的大陆架。”

不断扩大的纳木错湖面

中国地质科学院地质力学研究所研究发现，2002年前，地处藏北腹地的中型湖泊兹格塘错持续萎缩；而在2006年，科学家发现4年前扎过帐篷的湖岸阶地竟被完全淹没。测量结果表明，短短4年，兹格塘错水位竟然上升了1.8米。

无独有偶，自20世纪70年代起湖面就在扩张的纳木错湖，近几年水量增速也明显加快。自2005年，湖面每年“长高”20—30厘米。

这些数字的变化并不仅仅体现在科学研究上，它已经严重影响了农牧民的生活。仅那曲地区中西部的6个县(区)，就有10余个湖泊湖面出现明显扩张，近16万亩草场被淹没。

图说经典百科

第九章　奇幻沙漠

——生命禁区中的奇趣怪事

地球陆地的三分之一是沙漠。因为水很少，一般以为沙漠荒凉无生命，有“荒沙”之称。和别的区域相比，沙漠中生命并不多，泥土很稀薄，植物也很少。有些沙漠是盐滩，完全没有草木。世界上面积最大的沙漠是非洲北部的撒哈拉沙漠。中国的沙漠以新疆塔里木盆地的塔克拉玛干沙漠为最大。

沙漠绿洲之源
——沙漠之水

水是沙漠地区最宝贵的自然资源。中国沙漠地区由于四周多有高山环抱，高山降水比较丰富，成为河流和地下水的主要补给来源。此外，高山顶峰终年积雪，冰川广布，大量的冰雪融水，源源不断地流向山前平原和沙漠地区，并成为天然的“固体调节水库”。

沙漠的水藏在哪里

水是人类赖以生存的重要资源。在炎热干旱的沙漠地区，人们是怎样生存下去的呢？原来沙漠地下有着丰富的地下水。就我国的塔克拉玛干沙漠而言，地下水的储量就高达8亿立方米以上，可以说是一个面积巨大的地下海了！

国内专家的调查研究结果显示，在22.5万平方千米的塔克拉玛干沙漠腹地，地下水储藏量达到8亿立方米以上，相当于8条长江的流量。如果将这些水全部抽上来，可以在这22.5万平方千米沙漠铺上36米厚的水层，几乎接近撒哈拉地下海的3倍。说这是一个地下海，一点都不过分。

这么多的水是从哪里来的呢？简单一点说，就是日积月累，一年一年累积起来的。

塔里木盆地常年有水的河流共144条，大部分都是流程短、水量小的河流。其中每年流量在5亿—10亿立方米的河流有7条，年径流量大于10亿立方米的河流有8条。盆地内河流总径流量达392亿立方米。这些河流，都以塔克拉玛干沙漠为归宿。

沙漠中有丰富的地下水，并不说明沙漠处处有地下水。因此，在历史上从没有河水经过的地方，与河流相距过远的地方，因地质条件地下水不能流通的地方，这些都属于缺水区。

撒哈拉沙漠里有水吗

撒哈拉沙漠约形成于二百五十万年前，乃世界第二大荒漠，仅次于南极洲，是世界最大的沙质荒漠。它位于非洲北部，气候条件非常恶劣，是地球上最不适合生物生存的地方之一。这个沙漠是世界上阳光最多的地方，也是世界上最大和自然条件最为严酷的沙漠。

撒哈拉沙漠将非洲大陆分割成两部分：北非和南部黑非洲，这两部分的气候截然不同，撒哈拉沙漠南部边界是半干旱的热带稀树草原，再往南就是雨水充沛、植物繁茂的南部非洲，阿拉伯语称为“苏丹”，意思是黑非洲。

有几条河源自撒哈拉沙漠外，为沙漠内提供了地面水和地下水，并吸收其水系网放出来的水。尼罗河的主要支流在撒哈拉沙漠汇集，河流沿着沙漠东边缘向北流入地中海；有几条河流入撒哈拉沙漠南面的查德湖；尼日河水在几内亚的富塔贾隆地区上涨，流经撒哈拉沙漠西南部然后向南流入海。

撒哈拉沙漠的沙丘储有相当数量的雨水，沙漠中的各处陡崖有渗水和泉水出现。

↓沙漠绿洲

大漠里“遗世独立”的奇迹

——沙漠植物

大漠孤烟、古塞流沙、茫茫戈壁，干旱缺水的沙漠环境，赋予了沙漠植物奇特的生存能力和多姿的植物风采。高山的强风低温，极地的严酷寒冷，使“遗世独立”的植物世界获得了抗强风、御严寒的特殊本领，它们和酷热干燥风沙斗争到底，是沙漠里一道最美的风景线。

谁是沙漠里的“水库”

在非洲沙漠生长着一种树，远远望去很像一个个巨型的瓶子插在地里。因此得名叫“瓶子树”。瓶子树一般有30米高，两头尖细，中间膨大，最粗的地方直径可达5米，里面储水约有2吨，在干燥的沙漠里扮演着“水库”的角色。雨季时，它吸收大量水分，储存起来，到干季时来供应自己的消耗。

瓶子树可以为荒漠上的旅行者提供水源。人们只要在树上挖个小孔，清新解渴的“饮料”便可源源不断地流出来，解决人们在茫茫沙海中缺水之急。

人们在沙海中旅行，在烈日暴晒下，正感到热难忍、渴难熬时，突然看见这样一棵郁郁葱葱的树，能给人很大的希望。它的浓荫可以纳凉，叶子可以当扇子。用刀在树干上划开一道口子，清凉的汁液便会源源流出。它是旅行者的好朋友，因此人们又叫它“旅行树”“旅人树”或者“水树”。

你没听过的仙人掌的故事

传说上帝造物之初，仙人掌是世界上最柔弱的一种东西。任何人稍微一碰到它，它就会失去生命。上帝不忍心，就给它加了一层盔甲。如果有谁想要靠近它，它就会用自己的盔甲和刺来对付他们，所以千百年来，没有人敢靠近仙人

↑沙漠中的仙人掌

掌。

后来，有一个勇士出现了，他不屑地说："看我来消灭这种怪物。"于是勇士拔出宝剑把仙人掌劈成了两半，原本以为要灭掉它是件艰难的事情，可是没想到却是如此的不堪一击。勇士很惊讶地喊起来："没想到仙人掌的内在那么柔软，大家不都说她有一颗坚硬丑陋的心吗？为什么却只有绿色的泪珠一滴一滴地滑落？"最终勇士明白了，原来那所谓的刺是仙人掌用来保护自己脆弱心灵的外壳。

事实上，为了适应沙漠缺水的气候，仙人掌的叶子演化成短短的小刺，以减少水分蒸发，亦能作为阻止动物吞食的武器。其茎演化为肥厚含水的形状，具有刺座，刺座具代谢活性而且可长出针状叶，并可生出另一器官如茎或果实。

据有关资料介绍，从哥伦布1492年发现新大陆之后，在1540年，第一次由海员从南美洲的加勒比海岛屿上将仙人掌带进欧洲，1669年传入日本。在1840年英国出版的《植物学辞典》上记载了仙人掌栽培已达400种。当时的仙人掌花卉已由野生引种发展为人工栽培，通过园艺栽培，已经将原始野生的仙人掌改良成为特殊的观赏花卉。

开在沙漠的玫瑰

有一首歌是这么唱的："我是朵沙漠的玫瑰，静静地绽放，静静地凋谢，一寸寸一些些，能给的全部都给……"沙漠很干旱，几年都可能滴水不遇。这么残酷的环境，让人乍一想象，总以为那定是荒芜的不毛之地。其实不然，沙漠玫瑰就是绽放在沙漠里的精灵，有了沙漠玫瑰的点缀，沙漠便被唤醒，显得生机盎然。

沙漠玫瑰又名天宝花，是夹竹桃科天宝花属沙漠玫瑰，属于多肉植物，原产非洲的肯尼亚，喜高温干燥和阳光充足环境，耐酷暑。因原产地接近沙漠且红如玫瑰而得名沙漠玫瑰。沙漠玫瑰形状如盛开的玫瑰，千姿百态，瑰丽神奇。